Die Fortpflanzung ist die entscheidende Triebfeder der Evolution. Lisa Signorile führt uns anhand ebenso amüsanter wie teils höchst skurriler Beispiele aus den fünf wichtigsten Wirbeltiergruppen systematisch und in unverkrampftem Ton durch die verschiedenen Teilgebiete der Fortpflanzungsbiologie. Welche Fantasien haben Knochenfische? Sind Haie Exhibitionisten? Sind Krokodile tatsächlich Erektionskünstler? In diesem Buch lernen wir wirklich alles über das Sexualleben der Tiere – vom Balzverhalten über die Kopulation, die Anatomie der Geschlechtsorgane und die Brutpflege bis hin zu Selbstbefriedigung und Homosexualität im Tierreich.

LISA SIGNORILE hat nach ihrem Diplom in Biologie und einer zeitweiligen Laufbahn als Biochemikerin an verschiedenen Orten der Welt gearbeitet, um Lurche umzusiedeln, tropische Mäuse zu zählen oder Wölfe und Eichhörnchen zu beobachten. Zurzeit lebt sie in London, wo sie sich mit Populationsgenetik beschäftigt.

Lisa Signorile

So macht es das Krokodil

Das Sexualleben der Tiere

*Aus dem Italienischen
von Franziska Kristen*

*Mit Illustrationen
von Cristiana Santini*

btb

Die italienische Originalausgabe erschien 2014 unter dem Titel
»Il Coccodrillo Come Fa –
La Vita Sessuale Degli Animali« bei Codice edizioni, Torino.

MIX
Papier aus verantwor-
tungsvollen Quellen
FSC® C014496
FSC
www.fsc.org

Verlagsgruppe Random House FSC® N001967

1. Auflage
Deutsche Erstveröffentlichung August 2017
Copyright © Lisa Signorile 2014
Copyright Illustrationen © Cristiana Santini
Copyright © der deutschsprachigen Ausgabe 2017 by btb Verlag
in der Verlagsgruppe Random House GmbH,
Neumarkter Str. 28, 81673 München
Umschlaggestaltung: semper smile, München
Umschlagmotiv: © shutterstock/judilyn; secondcorner
Satz: Uhl + Massopust, Aalen
Druck und Bindung: GGP Media GmbH, Pößneck
AH · Herstellung: sc
Printed in Germany
ISBN 978-3-442-71421-6

www.btb-verlag.de
www.facebook.com/btbverlag
Besuchen Sie auch unseren LiteraturBlog www.transatlantik.de

Für Eugenio

Inhalt

Vorwort

Die Fortpflanzung und Weitergabe der eigenen Gene sind das Leitprinzip und das oft unbewusste Bestreben eines jeden Lebewesens. Wenn Ihnen diese Behauptung allzu mechanistisch erscheint, bedenken Sie, dass es gar nicht anders sein könnte: Diejenigen Lebewesen, die in den letzten fünfhundert Millionen Jahren nicht den Großteil ihrer Energie in die Fortpflanzung gesteckt haben, schafften es schlichtweg nicht, sich fortzupflanzen. Folglich sind wir die Nachkommen derer, die ihre Gene um jeden Preis weitergegeben haben.

Durch natürliche Selektion sind die Fortpflanzungsmechanismen im Lauf der Zeit verfeinert worden. Sie haben sich zu einer unbeschreiblichen Triebfeder und einem nahezu perfekten Apparat entwickelt. Nahezu, denn nicht alle Mechanismen passen sich rasch an Veränderungen an. Manchmal ist ein Detail nicht länger geeignet, und die Art stirbt aus.

Es gibt zwei Arten der Fortpflanzung: entweder mit jemandem, den man wirklich mag, also mit sich selbst (Woody Allen weiß gar nicht, wie recht er aus evolutionärer Sicht mit seiner Bemerkung hat), oder aber mit einem Partner. Im zweiten Fall handelt es sich immer um *geschlechtliche* Fortpflanzung. Die Fortpflanzung mit nur einem Beteiligten kann, je nachdem, *geschlechtlich* oder *ungeschlechtlich* sein:

So sind zum Beispiel Schweinebandwürmer (mit dem treffenden lateinischen Namen *Taenia solium*, wörtlich: »einsames Band«) Hermaphroditen, die in geschlechtlicher Weise Sex mit sich selbst haben und ihre eigenen Eier befruchten. Auf eine der verschiedenen ungeschlechtlichen Weisen pflanzen sich hingegen Schwämme oder Kartoffeln fort: in Form von Knospung und ohne dass befruchtete Eier im Spiel wären.

Die Gruppe der Wirbeltiere, zu der wir Menschen gehören, neigt tendenziell zur geschlechtlichen Fortpflanzung und zu Sex mit einem Partner. Säugetiere und Vögel pflanzen sich immer zu zweit fort (mit Ausnahme der Truthennen, die es in seltenen Fällen schaffen, ihre Eier selbst zu befruchten). Manche Arten in der Gruppe der Wirbeltiere schlagen dagegen den Weg der Einsamkeit ein, indem sie auf Männchen verzichten und zur Parthenogenese greifen. Das ist eine Form geschlechtlicher Fortpflanzung, bei der sich der Embryo aus einer unbefruchteten Eizelle und somit ohne den väterlichen Beitrag entwickelt. Die dabei entstehende geringere genetische Variabilität hat in der Regel zur Folge, dass die Wirbeltierarten, die sich ohne Partner fortpflanzen, in Anbetracht erdgeschichtlicher Dimensionen relativ schnell aussterben. Dies erklärt wiederum, weshalb sie so selten sind.

Bei den Wirbellosen ist die Sache wesentlich komplizierter, und es finden sich alle möglichen Spielarten. Neben geschlechtlichen und parthenogenetischen Arten existieren auch jene, die beide Fortpflanzungsmöglichkeiten nutzen, wie etwa die Bienen.

Weiterhin gibt es Arten, deren Individuen allesamt vollständige Hermaphroditen sind und dementsprechend sowohl männliche als auch weibliche Keimdrüsen (Hoden und Eierstöcke) besitzen. Andere sind unvollständige Hermaphroditen, das heißt, sie haben zwar beide Formen der Keimdrüsen, tauschen aber die Geschlechtszellen (Gameten) mit einem anderen Individuum derselben Art. Wieder andere bestehen teils aus Weibchen, teils aus Hermaphroditen oder teils aus Männchen, teils aus Hermaphroditen oder aber aus Männchen, Weibchen und Hermaphroditen. Bei manchen Arten pflanzen sich die Weibchen entweder mit einem Männchen fort, oder sie »beschließen«, sich zu klonen (wobei sie das natürlich nicht bewusst tun, denn Bewusstsein ist ein uns Wirbeltiere auszeichnender Defekt). Außerdem gibt es Arten mit vielen Männchen und andere, bei denen sie sehr selten vertreten sind und die Weibchen in erster Linie auf Parthenogenese zurückgreifen.

Wie bei den Wirbeltieren landen auch bei den Wirbellosen die rein parthenogenetischen Arten für gewöhnlich in einer evolutionären Sackgasse und sterben früher oder später aus. Bemerkenswerte Ausnahme bilden die Rädertierchen, die seit ein paar Hundert Millionen Jahren nur aus Weibchen bestehen, ohne dass ihnen diese Tatsache Probleme zu bereiten scheint.

Wenn Sie sich angesichts all dieser Fortpflanzungsmöglichkeiten überfordert fühlen, seien Sie unbesorgt: In diesem Buch geht es in erster Linie um die gewöhnlichste und am weitesten verbreitete Fortpflanzungsmethode von Tieren, nämlich um die Paarung zu zweit. Dabei stehen die fünf Wirbeltierklassen der Fische, Amphibien, Reptilien, Vögel und Säugetiere im Mittelpunkt der Aufmerksamkeit.

Die folgenden Seiten werden sich in sehr expliziter Weise mit Geschlechtsverkehr und Fortpflanzungsmechanismen beschäftigen, ohne sich jedoch ausschließlich an Erwachsene zu richten. Die Fortpflanzungsbiologie liefert den Schlüssel zur natürlichen Selektion und somit zur Evolution, und es ist wichtig, sie schon in jungen Jahren verstehen und schätzen zu lernen.

Der Text ist in ungezwungenem Ton gehalten, um die Neugierde aller Leser zu wecken und ihnen jenseits von überzogenen und der Wissenschaft wenig dienlichen Moralvorstellungen die Vielfalt der Mechanismen des Lebens nahezubringen.

Two is company, three's a crowd:
Wie viele Geschlechter gibt es?

Eine Frage stellt sich früher oder später jeder: Warum braucht man zur Fortpflanzung zwei? Warum sind, laut dem englischen Sprichwort, »drei einer zu viel«? Weshalb hat unter all den jemals auf der Erde existierenden Tieren keine einzige Art drei oder gar vier verschiedene Geschlechter herausgebildet, während all die zahlreichen bei zwei Geschlechtern bestehenden Kombinationsmöglichkeiten erprobt worden sind? Mit anderen Worten: Worin liegt der Vorteil, zu zweit zu sein?

Wie bereits im Vorwort erwähnt, durchlaufen viele Gruppen von Tieren während ihrer evolutionären Entwicklung früher oder später den Weg der Parthenogenese, also der Fortpflanzung eines Einzelindividuums. Auf kurze Sicht handelt es sich tatsächlich um eine erfolgreiche Strategie. Nehmen wir an, ein bestimmter Lebensraum, zum Beispiel ein kleiner Teich, bliebe gleichbleibend unverändert. Nehmen wir außerdem an, dass er über alle nötigen Ressourcen verfüge, da man ihn mit Pflanzen, mit einer Sauerstoffpumpe, einem betriebsfähigen Kohlefilter und anderem Schnickschnack ausgestattet hätte, dass er sich in sonniger Lage befände und der Wasserstand stets gleich bliebe. Alles wäre also optimal. Stellen wir uns nun vor, in diesem

Teich lebe eine Population mit Vertretern einer beliebigen Art von Wirbellosen. Mein eigener Tümpel ist momentan fast ausschließlich von Blutegeln bevölkert. Ich hoffe, Sie haben mehr Glück als ich, falls Sie planen, in einen Teich zu investieren, zumal Blutegel Hermaphroditen sind und sich für mein Beispiel wenig eignen. Sagen wir, es handle sich um Süßwasserkrebse. Sie sind niedlich und außerdem getrenntgeschlechtlich. Nehmen wir darüber hinaus an, dass alle Individuen der Krebspopulation in dem Teich aus genetischer Sicht sich voneinander unterschieden. Folglich werden einige »geeigneter« zum Überleben sein als andere, zum Beispiel, weil sie die beste Tarnfarbe aufweisen oder die besonders reichlich vorhandene Nahrung der weniger vorhandenen vorziehen. Stellen wir uns nun vor, zwei Individuen, deren Gene immerhin so gut sind, dass sie das fortpflanzungsfähige Alter erreichen, paaren sich und zeugen Junge. Die geschlechtliche Fortpflanzung basiert darauf, dass die Gene der Eltern wie ein Kartenstapel beim Poker durchmischt werden: Ein geringer Teil der Nachkommen erbt demzufolge einen Royal Flush, andere dagegen lauter verschiedene Karten und die restlichen ein Blatt, mit dem sie irgendwo im Mittelfeld liegen.

Wer den Royal Flush bekommt, wird den Wettlauf ums Überleben natürlich gewinnen und sich fortpflanzen, während die weniger begünstigten Geschwister auf der Strecke bleiben. Am Ende schafft es lediglich ein kleiner Teil des gesamten Nachwuchses eines Paares, die Gene der Eltern weiterzugeben. Stellen wir uns nun vor, dass in demselben Teich ein kleiner Krebs durch Mutation zur Parthenogenese befähigt worden ist, dass er also identische oder sehr ähnliche Kopien seiner selbst erzeugen kann.[1] Wenn die Umwelt stabil bleibt und sich die Gene des Individuums hinreichend gut für die Fortpflanzung eignen, wird der Nachwuchs dieselben Spielkarten oder einen Teil davon in die Hand bekommen[2] und daher gleichermaßen in der Lage sein, die

---

1 Obwohl bei der Parthenogenese keine Gene eines Partners hinzukommen, kann es bei der Herausbildung der Eizelle zu einer *Meiose* genannten Durchmischung der Gene kommen, wodurch die Nachkommen ähnlich, aber nicht identisch sind oder nur einen Teil der mütterlichen Gene haben, wie das beispielsweise bei den männlichen Bienen der Fall ist.

2 Bei allen Individuen ist jedes Gen doppelt vorhanden. Hat die Mutter zwei identische Kopien eines bestimmten Gens, so werden auch alle Jungen zwei identische Kopien haben. Wenn die Mutter dagegen zwei verschiedene Varianten eines Gens hat (von Genetikern *Heterozygotie* genannt), werden bei einer bestimmten Form der Parthenogenese die Hälfte der Nachkommen zwei Kopien der Variante A und die andere Hälfte zwei Kopien der Variante B haben. In diesem Fall haben also alle so gezeugten Individuen zwei identische Kopien eines jeden Gens, aber die verschiedenen Nachkommen unterscheiden sich untereinander leicht voneinander, da es viele Gene und somit viele Kombinationen gibt.

$$\begin{array}{ccc} & (AB) & \text{heterozygote Mutter} \\ (A) & (B) & \text{Meiose (Fortpflanzung)} \\ (AA) & (BB) & \text{homozygote Nachkommen} \end{array}$$

Bei anderen Formen der Parthenogenese kann die Heterozygotie und somit die Variabilität bei der Zellteilung bestehen bleiben. Darüber hinaus können, falls es während der Parthenogenese zur Meiose kommt, die Allel-Varianten innerhalb eines Chromosomenpaares – in einem *Crossing-over* genannten Prozess – miteinander vertauscht werden. Schließlich können sich auch bestimmte Allel-Varianten an dem jeweils anderen Chromosom eines Paares in unterschiedlicher Weise verhalten und für weitere Variabilität sorgen. Kommt es also, schlicht gesagt, während der Parthenogenese zur Meiose, hat das meist zumindest eine leichte Variabilität zur Folge. Kommt es nicht dazu, liegen, wie beispielsweise bei den Blattläusen, vollkommen identische

Ressourcen zu nutzen (die laut unserer Voraussetzung unbegrenzt sind, sodass keine direkte Konkurrenz zwischen Individuen einer Art besteht). Folglich wird ein deutlich größerer Anteil von parthenogenetisch gezeugten Krebsen die Gene des Elternteils weitergeben können und innerhalb kurzer Zeit den gesamten Tümpel in Beschlag nehmen. Entsprechend wird den langsamer und mühsamer zu zweit sich fortpflanzenden Tieren der Lebensraum entzogen. All dies ist unglaublich komplex und effizient. Und wenn es immer so funktionieren würde, müssten wir uns jetzt nicht mit dem Partner darum streiten, wer den Abwasch erledigt, da wir alle einzig und allein mit uns gleichen oder sehr ähnlichen Klonen zusammenleben würden, die alle gern den Abwasch erledigen (oder ihn allesamt verabscheuen).

Problematisch wird es, wenn sich die Umwelt verändert. Beispielsweise durch einen Anstieg der Temperatur, das Auftauchen eines neuen krankheitsverursachenden Virus oder einer neuen, sich in der Umgebung ansiedelnden räuberischen Art – oder durch die Erfindung des Geschirrspülers. Früher oder später kommt es überall zu Umweltveränderungen, mögen diese auch noch so gering sein. Die durch Parthenogenese gezeugten, ähnlichen oder identischen Krebse waren für das Überleben unter den bis dahin im Tümpel herrschenden Bedingungen geeignet. Es ist aber

---

Klone vor. Ich weiß, es ist kompliziert (und in Wahrheit sogar noch wesentlich komplizierter), aber es war notwendig zu erläutern, dass durch Parthenogenese – also trotz nur eines Elternteiles – nicht immer identische Individuen entstehen. Allerdings sind diese untereinander sehr viel ähnlicher, als das bei Nachkommen von zwei Elternteilen der Fall ist.

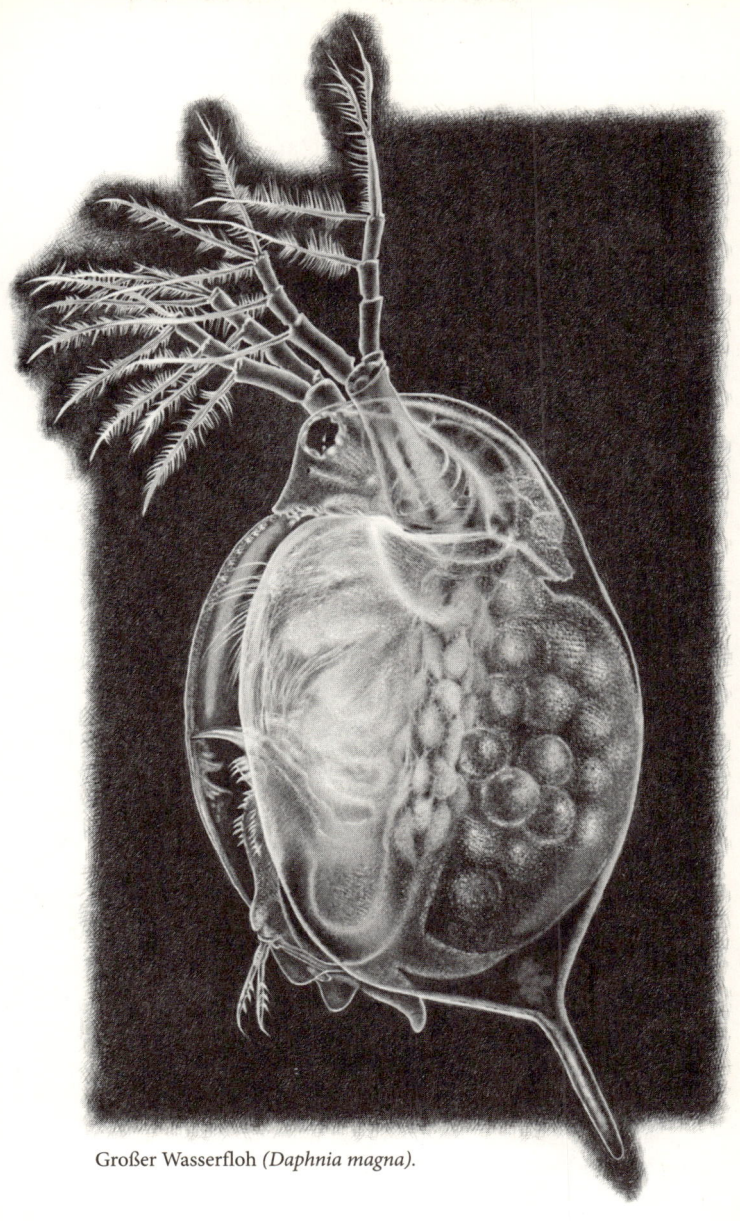

Großer Wasserfloh (*Daphnia magna*).

nicht gesagt, dass sie einer Veränderung standhalten würden, was mangels hinreichender genetischer Vielfalt letztendlich zum Aussterben dieser Art führen könnte.

Kommen wir zu den durch zwei Elternteile gezeugten Nachkommen zurück, zu jenen mit dem Royal Flush: Verändert sich die Umwelt, sind sie wahrscheinlich nicht besonders gut auf diese Veränderung eingestellt, und die Fortpflanzung wird ihnen nicht gelingen. Denn der Royal Flush zählt nur auf diesem speziellen Spieltisch. Vermutlich wird unter all den anderen Nachkommen mit ihren jeweils unterschiedlichen Kartenkombinationen zumindest einer für die veränderten Bedingungen »präadaptiert«[3] sein und zufällig das große Los, oder besser gesagt, die richtige Genkombination erwischt haben, etwa die Resistenz gegenüber dem neuen Virus.

Ein anschauliches Beispiel liefert uns in diesem Zusammenhang ein Süßwasser-Kiemenfußkrebs, der gemeinhin als *Wasserfloh* bekannt ist und zur Gattung der *Daphnien* zählt. Viele *Daphnien*-Arten weisen einen besonderen Lebenszyklus auf, der sich auf einen Wechsel von Parthenogenese und der Fortpflanzung mit einem Partner stützt. Mit Beginn des Frühlings schlüpfen aus den Eiern ausschließlich Weibchen. Sind die Umweltbedingungen günstig, fangen sie an, sich zu klonen und weibliche, mit dem Muttertier identische Junge zu zeugen. Dass *Daphnien* günstige Umweltbedingungen vorfinden, ist wahrscheinlich. Da sie

---

3 Heute würde man, in Anlehnung an das Englische, statt von Präadaption eher von Exaptation sprechen.

sich in erster Linie von Grünalgen oder gelegentlich Rädertierchen ernähren, wird es ihnen kaum an Nahrung mangeln. Die parthenogenetische Fortpflanzung der *Daphnien* schreitet den ganzen Sommer über in hohem Tempo voran (so legt beispielsweise der Große Wasserfloh – *Daphnia magna* – im Lauf seines gesamten, immerhin mehrere Monate währenden Lebens alle drei bis vier Tage bis zu 100 Eier). Gegen Ende des Sommers verändern sich jedoch mit einem Schlag die Umweltbedingungen: Die Pfütze oder der Tümpel ist mittlerweile mit Wasserflöhen übervölkert, und die Nahrung beginnt knapp zu werden. Hinzu kommt die Veränderung der Fotoperiode, indem die Nächte länger werden und die Temperaturen sinken. Diese und andere Umweltfaktoren lösen beim Wasserfloh eine Stressreaktion aus, die zur Bildung eines maskulinisierenden Hormons *(Methylfarnesoat)* führt. So schlüpft aus dem Ei nicht, wie gewohnt, ein Klon der Mutter, sondern ein Männchen. Das Wasserflohweibchen beginnt außerdem nun auch Eier zu produzieren, die für die geschlechtliche Fortpflanzung mit einem Partner geeignet sind. Da es jetzt die entsprechenden Eier und obendrein Männchen gibt, kommt es an diesem Punkt (Hurra!) zur Paarung, und es erfolgt eine Durchmischung mittels Meiose: Ein Teil der Gene unterscheidet sich von denen der Mutter, da er vom Vater stammt. Somit sind alle Geschwister-Embryonen voneinander verschieden. Es handelt sich um Dauereier, die den Winter über ruhen. Einige der im Frühjahr schlüpfenden Jungen sind in der Lage, sich an möglicherweise veränderte Umweltbedingungen anzupassen und eine neue Reihe von Klonen zu erzeugen.

So kompliziert es auch erscheinen mag, mangelt es diesem System nicht an höchster Effizienz. Vor ein paar Jahren habe ich aus einem Tümpel, in dem verschiedene Arten von Wirbellosen beheimatet sind, ein paar Würmer, Insektenlarven, Schnecken und Krebstiere gefischt. Das Ganze kam in ein wenige Liter fassendes Becken, das sommers wie winters im Freien stand. Die einzigen Tiere, die nach ein paar Wintern unter diesen – zugegebenermaßen – erbärmlichen Bedingungen überlebt hatten, ja, geradezu gediehen, waren die Wasserflöhe. Zumindest soweit ich das mit bloßem Auge erkennen konnte.

Die meisten von uns werden nun vermutlich einsehen, dass Fortpflanzung ohne Partner zwar in Ordnung geht, aber nur solange sich die Umwelt nicht verändert. In der Regel ist es für den Fortbestand günstiger zu zweit. Aber wieso nicht zu dritt? Würden drei Geschlechter nicht für noch mehr genetische Vielfalt sorgen? Oder gar vier? Fünf? Bei genauerem Nachdenken erscheinen die praktischen Aspekte einer Paarung zu fünft zwar bemerkenswert, aber wenig Erfolg versprechend: Die Wahrscheinlichkeit, dass sich fünf Individuen gleichzeitig an einem Ort befinden, ohne es darauf abzusehen, sich gegenseitig zu verschlingen, und die obendrein dazu bereit sind, nur ein Fünftel des Chromosomensatzes für den Nachwuchs beizusteuern, ist eher gering. Man darf den »Egoismus« der Gene[4] nicht

---

4 Selbst Richard Dawkins, der die Bezeichnung »egoistisches Gen« geprägt hat, gesteht ein, dass die Metapher ein wenig missglückt ist, da Gene natürlich keinen eigenen Willen haben.

vergessen. All die Mühe, sich zu begegnen, zu umwerben, zu paaren und den Akt zu fünft möglichst zu überleben, bloß um einen geringen Teil der eigenen DNA beizusteuern, erscheint ökonomisch wenig sinnvoll. Die Evolution neigt dazu, jenen Lösungen den Vorzug zu geben, die mit möglichst geringem Energieaufwand verbunden sind. Also weg mit den Orgien zu fünft und ebenso zu viert. Und weshalb sollte man nur zu einem Drittel der Gene beitragen, wenn man sich auch an der Hälfte des Chromosomensatzes eines Individuums beteiligen kann? Die einfache Lösung ist immer die bessere, vor allem, wenn sie zur sogenannten *reproduktiven Fitness*[5] beiträgt.

Um Missverständnisse zu vermeiden, will ich genauer erklären, wovon hier die Rede ist. Mit dem *Geschlecht* eines Individuums meine ich in diesem Zusammenhang seine Fähigkeit zur Produktion von Geschlechtszellen *(Gameten)*, die zum endgültigen Chromosomensatz eines zukünftig geborenen Individuums beitragen. Wie bereits gesagt gibt es alle möglichen Kombinationen von Eingeschlechtlichkeit und Hermaphroditismus, aber ein Hermaphrodit gehört keinem dritten Geschlecht an, sondern vereint lediglich zwei Geschlechter in einem Individuum. Ebenso können bei vielen Arten die Männchen verschiedene Fortpflanzungsstrategien anwenden und dementsprechend unterschiedliche Merkmale aufweisen (dominant und bunt

---

5 Darunter wird die Fähigkeit verstanden, sich anzupassen, zu überleben, sich fortzupflanzen und die eigenen Gene an zukünftige Generationen weiterzugeben.

oder unscheinbar wie die Weibchen). Aber die von ihnen produzierten Gameten (Spermien) bleiben stets dieselben. Das Unterscheidungskriterium ist also die Fähigkeit zur Erzeugung verschiedener Geschlechtszellen und nicht die Fortpflanzungsstrategie als solche.

Kehren wir zu den fünf Individuen zurück. Oder nein, überlassen wir sie ihren komplizierten Lebensumständen und den damit verbundenen Streitereien, und nehmen zur Vereinfachung als Beispiel nur drei: A, B und C. Es ist nicht gesagt, dass sich die drei Individuen unbedingt alle gleichzeitig treffen müssen (Fall 1), auch müssen sie nicht alle lediglich ein Drittel zum Genom beitragen. So ist beispielsweise denkbar (Fall 2), dass A zunächst B trifft, die Gameten einlagert und sich dann auf die Suche nach C begibt. Oder aber (Fall 3), alle können sich unterschiedslos und rein zufällig mit irgendeinem der anderen paaren, oder (Fall 4) A kann mit B, B mit C, aber A nicht mit C Nachwuchs zeugen.

Nennen wir die Zeugungsfähigkeit E, so lassen sich die aufgezählten Möglichkeiten wie folgt schematisieren:

$A + B + C = E$

$A + B = AB; AB + C = E$

$A + B = E; A + C = E; B + C = E$

$A + B = E; A + C = E; B + C = 0$

Bei nur zwei Geschlechtern ergibt sich dagegen ausschließlich folgende Möglichkeit:

$A + B = E$

Man muss zugeben, dass es zu zweit praktischer ist und das dritte Geschlecht vermutlich früher oder später redundant und evolutionär auf der Strecke bleiben würde. Es geht hier jedoch um mehr als rein mathematische Kombinationsmöglichkeiten. Wir haben es mit Biologie zu tun, und die lässt sich nicht in ein kariertes Heft zwängen, vielmehr ist sie von Natur aus chaotisch. Die in einer Zelle enthaltene DNA ist nicht allein auf die Chromosomen beschränkt. Ein kleiner Bruchteil befindet sich auch in anderen Zellstrukturen, den sogenannten *Mitochondrien*, bei Pflanzen außerdem in den *Chloroplasten*. Ursprünglich handelte es sich bei diesen Organellen um eigenständig lebensfähige Bakterien, doch heute gelten sie als Symbionten unserer Zellen. Bei den Tieren liefert für gewöhnlich nur das Weibchen den Embryonen diese symbiontischen Organellen. Die entsprechende Erklärung ist interessant: Angenommen Männchen und Weibchen begegnen sich unter der für die Paarung minimalen Voraussetzung, also ohne sich gegenseitig zu zerfleischen. Weiterhin angenommen, die Eizelle und das Spermium vereinen sich und verschmelzen ohne Probleme, so ist noch nicht gesagt, dass die Mitochondrien zwangsläufig mit dieser Verbindung einverstanden sind. Wenn eines der Individuen mutierte Mitochondrien enthält, welche die anderen angreifen und töten, kann sich diese Mutation rasch verbreiten. Problematisch wird es, wenn sich zwei Individuen mit Killer-Mitochondrien paaren und nach der Verschmelzung der Geschlechtszellen ein Kampf zwischen den Mitochondrien ausbricht. Der Embryo würde das kaum überleben. Sehr viel praktischer ist es, derart kannibalistische Versuchungen zu vermeiden und dafür zu sorgen, dass es zwar zwei verschiedene Gameten gibt, aber lediglich einer der beiden die Mitochondrien beisteuert. Die Sache würde komplizierter, wenn drei oder mehr Geschlechter im Spiel wären, da es dann aufs Neue zu verhandeln gälte, wer die Mitochondrien liefert und in welchem Umfang. Üblicherweise trägt dasjenige Geschlecht die Mitochondrien bei, das den größeren Energieaufwand für die Fortpflanzung betreibt.

Die Tiere haben das Problem an den Wurzeln gepackt: Es gibt keine Tierart mit mehr als zwei Geschlechtern. Offenbar ist es die perfekte Zahl. Die Protisten und Pilze scheinen diesbezüglich dagegen noch etwas unentschlossen zu sein. Oft tauschen sie lediglich die Zellkerne aus, ohne die gesamten Zellen zu verschmelzen: Manche Pilzarten können Tausende verschiedener Geschlechter haben! Doch wir müssen uns bescheiden.

Die Balz

Der Fortpflanzungsprozess lässt sich in vier Phasen unterteilen: Balz, Paarung, Heranwachsen der Embryonen, Brutpflege. Dabei ist die Balz wohl die bemerkenswerteste und aus evolutionärer Sicht wichtigste Phase. Die Fortpflanzung zu zweit setzt notwendigerweise voraus, dass sich besagte Individuen begegnen, sich einander nähern und akzeptieren. An diesem Punkt kommt es zu der gemäß Darwin sogenannten »sexuellen Selektion«, mit der sich die Hierarchien zwischen den Individuen desselben Geschlechtes herausbilden und der Partner gewählt wird, der für das Überleben der Nachkommen besonders geeignet erscheint. Die Partnerwahl führt also zur Selektion eines für bedeutsam erachteten Merkmals, seien es die Schwanzfedern des Pfaus, die schillernden Farben vieler Fische und Vögel. Oder – wie bei unserer Spezies – ein gemessen an den tatsächlichen Notwendigkeiten unverhältnismäßiges Gehirn bzw. ein ebensolcher Penis (wobei vielleicht einige Frauen, was das »Federkleid« des eigenen Partners betrifft, so manches zu bemängeln hätten).

Einmal abgesehen von der Unersättlichkeit der menschlichen Spezies sei an dieser Stelle betont, dass bei der sexuellen Selektion allem Anschein zum Trotz, die Wahl oft von den Weibchen getroffen wird. Dagegen sind die Männchen, vor allem bei den polygamen Arten, meist nicht so wählerisch mit ihren Partnerinnen. Aus diesem Grund stellen sich für gewöhnlich die Männchen mit Federkleid, Geweih, Gesängen oder bunten Schuppen zur Schau, um von den Weibchen erwählt zu werden. Das geschieht sogar bei den Tieren mit Harem, wo genau das Gegenteil der Fall zu sein scheint: Nichts hindert beispielsweise eine Hirschkuh oder ein Meerechsenweibchen daran, sich mit einem untergeordneten Tier zu paaren. Das kommt übrigens oft genug vor, obwohl dem Weibchen eigentlich daran gelegen sein müsste, sich mit einem dominanten Tier fortzupflanzen. Bei den Menschen sind die Dinge ein wenig komplizierter. Wir unterliegen einer extrem komplexen sozialen Dynamik. Beide Sexualpartner leisten auf ganz unterschiedliche Weise ihren Beitrag zur Partnerwahl, wobei der kulturelle Hintergrund und Formen des erweiterten Phänotyps[6], wie etwa materielle Güter, ebenfalls Faktoren bilden. Jedenfalls wird die Rolle der Frau bei der Wahl des Vaters ihrer potentiellen Kinder vermutlich selbst im Kontext patriarchalischer Gesellschaften unterschätzt.[7]

---

6 Eine auf Richard Dawkins und sein Werk »The Extended Phenotype« zurückgehende Bezeichnung (dt.: »Der erweiterte Phänotyp. Der verlängerte Arm der Gene«).

7 Zwar existieren zweifellos diverse patriarchalische Gesellschaften, in denen die Frau keinerlei Entscheidungsgewalt bezüglich der Partnerwahl hat, aber das liegt an einer extremen Überlagerung unserer arteigenen grundlegenden biologischen Neigungen durch kulturelle Faktoren und entspricht nicht der Norm. Ginge es hierbei nicht um Menschen, wäre es sicherlich interessant, mittels eines kontrollierten Experiments herauszufinden, wie sich arrangierte Ehen im Gegensatz zur freien Partnerwahl auf die evolutionäre Entwicklung auswirken.

Der Grund für all dies ist rasch erläutert: Wirbeltierweibchen wenden für die Fortpflanzung und oft auch für die Brutpflege in anderem Maße Energien und Ressourcen auf als Männchen. Da sie sichergehen wollen, dass sich ihr Einsatz lohnt, wählen sie für ihren Nachwuchs den Vater mit den offenkundig besten Genen. All das ist selbstverständlich nur Theorie, denn letztlich machen die Tiere natürlich, was sie wollen (oder müssen), und bei vielen Arten sind die Männchen eher *choosy*, vor allem, wenn es sich um monogame Arten handelt oder um solche, bei denen das Männchen, wie bei uns, an der Brutpflege beteiligt ist.

Im Folgenden soll das Balzverhalten innerhalb der fünf verschiedenen Wirbeltierklassen untersucht werden. Wenn Sie jetzt mit Pralinen und Blumensträußen rechnen, liegen Sie allerdings vollkommen falsch.

Fische: Die Kleinkünstler der Balz

Es gibt drei Hauptgruppen (Klassen) von Fischen: die Kieferlosen oder *Agnatha* (Neunaugen und Schleimaale), die Knorpelfische (Haie, Rochen und Seekatzen) und die Knochenfische (der gesamte Rest).[8]

---

8 Diese Einteilung basiert allein auf morphologischen Merkmalen. Zieht man dagegen die DNA in Betracht, wird die Sache komplizierter.

Das zärtliche Gefühlsleben der Neunaugen

Das Sexualleben der Kieferlosen ist bisher recht wenig erforscht, aber zumindest gibt es einige Beobachtungen zum Balzverhalten von Neunaugen, einem seit geraumen Zeiten existierenden Parasiten größerer Fische. Neunaugen haben keine Kiefer, sondern bedienen sich stattdessen ihrer Mundscheibe, einer Art Saugnapf mit spitzen Zähnen, mit dem sie ihre Opfer angreifen, Haut- und Muskelschichten abschaben und ihnen schließlich das Blut aussaugen.

So hässlich und primitiv diese Tiere auch aussehen, legen sie doch ein auffallend sanftes und zärtliches Balzverhalten an den Tag. So bauen sich beispielsweise die beiden in Amerika beheimateten Neunaugen *Lampetra tridentata* und *L. richardsoni* am Grund des Flusses ein Nest.

Sie graben ein Loch, in dem sie nur kleine Kiesel zurücklassen, während die größeren mithilfe des Saugnapfes der Mundscheibe aus dem Nest geschoben werden. Am Nestbau sind ein oder mehrere Individuen beteiligt, je nachdem wie viele Tiere anschließend davon Gebrauch machen. Mehrere Weibchen können gleichzeitig ein und dasselbe Nest benutzen und mehrere Männchen gemeinsam ein und dasselbe Weibchen befruchten (da die Befruchtung äußerlich erfolgt, müssen sie nur dafür sorgen, bei der Eiablage in der Nähe zu sein). Falls sich in der Nähe »heimlich« ein Fisch herumtreibt und darauf lauert, sich die Eier einzuverleiben, wird er mit dem Saugnapf gepackt und ohne viel Umschweife aus dem Nest befördert. Den Berichten der amerikanischen Forscherin Jen Stone zufolge klammert

Neunaugen beim Nestbau.

sich das Weibchen nach Abschluss der »Bauarbeiten« an einen flussaufwärts gelegenen Stein und positioniert den Körper über dem Nest. Nun beginnt das größte Männchen, sie mit seiner Mundscheibe am ganzen Körper zu liebkosen und sich dabei auf und ab zu bewegen. Nach diesem Vorspiel heftet es sich mit seinem Saugnapf in der Nähe ihres Kopfes fest, windet sich um ihren Körper, und beide sondern gleichzeitig ihre Geschlechtszellen ab. Die befruchteten Eier fallen in das Nest, wo sich die Embryonen entwickeln. Es kann passieren, dass sich mehrere Männchen gleichzeitig – in einer Art »Befruchtungs-Gruppensession« – um ein einziges Weibchen winden.

Sex, shark and Rock and Roll

Über Knorpelfische wissen wir einiges mehr, doch sind Balz- und Paarungsverhalten der Haie wesentlich brutaler als bei den zärtlichen Neunaugen. Wenn mein Mann zu mir sagt, ich sei romantisch wie ein Hai, hat er vermutlich nicht die Absicht, mir ein Kompliment zu machen.

Es sei jedoch angemerkt, dass Haie Hunderte, ja, sogar Tausende von Kilometern zurücklegen, um ein bestimmtes (je nach Art unterschiedliches) Gebiet zu erreichen, wo sich alle zur gemeinsamen Fortpflanzung versammeln. Noch ist nicht geklärt, was die Haimännchen zu den empfänglichen Weibchen lockt. Vermutlich sondern diese Pheromone[9] ins

---

9 Pheromone sind Hormone oder flüchtige chemische Substanzen, die zur Kommunikation zwischen Individuen einer Art dienen. Sie können Gefahr

Wasser ab, die durch die Strömung weiterwandern und die Männchen, selbst über eine Entfernung von Hunderten Kilometern, zu dem Fortpflanzungsgebiet locken.

Sobald beispielsweise die bis zu 10 Meter langen Riesenhaie den vereinbarten Ort erreicht haben, beginnen sie hintereinander oder parallel nebeneinander zu schwimmen, in Bögen, in Staffeln oder gar durch Sprünge aus dem Wasser, wobei sie ein derart komplexes Balzritual darbieten, dass die amerikanische Nationalmannschaft im Synchronschwimmen neidisch werden könnte. Je nach Art und Umständen sind an der Balz ein Männchen und ein Weibchen oder mehrere Männchen und ein Weibchen beteiligt. Unmittelbar nach der Begrüßung und dem Ritual des Synchronschwimmens versucht das Männchen mit seinen Zähnen das Weibchen an einer der Brustflossen zu packen, um gleich darauf mit der bei Haien inneren Befruchtung zu beginnen. Da das Männchen eine Flosse des Weibchens festhält, hört dieses auf zu schwimmen, und das Paar sinkt meist schwer zum Grund. Die Bisse der Männchen müssen übrigens ziemlich schmerzhaft sein, denn erwachsene Weibchen haben an Körper und Flossen stets tiefe, von den Zähnen herrührende Narben. Im Lauf der Evolution hat sich die Haut der Weibchen im Vergleich zu der der Männchen verdickt, aber von einem Hai im Testosteronrausch gebissen zu werden dürfte selbst für Artgenossen nicht sonderlich angenehm sein. Manchmal wird ein Weibchen auch

---

oder das Vorhandensein von Nahrung signalisieren oder, wie in unserem Fall, die Fortpflanzungsbereitschaft.

gleichzeitig von zwei Männchen jeweils an einer Flosse gepackt, wobei die beiden keineswegs ein kooperatives, sondern vielmehr ein antagonistisches Verhalten an den Tag legen. Für das beteiligte Weibchen wird das Ganze dann vermutlich noch unangenehmer.

Dennoch ist die Situation vielleicht nicht ganz so schlimm, wie sie zunächst scheint. So hat man etwa bei den Ammenhaien beobachtet, dass rund 92 Prozent aller Paarungsversuche ergebnislos enden. Denn die Tatsache, an den Flossen gepackt zu werden, hindert das Weibchen nicht, den eigenen Partner zu wählen. Der Trick ist folgender: Bekanntermaßen muss bei Haien für die Atmung permanent Wasser durch die Kiemen strömen, und zu diesem Zweck schwimmen sie. Solange sie sich nicht bewegen, können sie zwar ihr Maul öffnen und wie ein Hund hecheln. Aber wenn die Männchen regungslos ein Weibchen am Grund festhalten und gleichzeitig das Maul schließen müssen, um es an der Flosse zu packen, geht ihnen recht bald der Sauerstoff aus. Nach ein paar Minuten in dieser Pattsituation lassen sie von dem Weibchen ab und ejakulieren nicht selten frustriert ins Wasser. Das Weibchen hat dagegen noch einen zweiten Trumpf in der Hand. Sobald es am Grund des Gewässers angelangt ist, kann es die andere Flosse unter sich verstecken und so verhindern, von einem weiteren, die Gelegenheit nutzen wollenden Männchen gefasst zu werden. Darüber hinaus kann das Weibchen seinen Körper krümmen und den Schwanz biegen, um auf diese Weise die Paarung effektiv zu verhindern. Ist das Männchen dagegen genehm, so windet sich das Weibchen nicht, es bleibt reglos, starr (und meist während der Befruchtung mit dem Bauch nach oben gedreht) und akzeptiert die Begattung. Obwohl es also nicht verhindern kann, von einem daherkommenden geilen Hai an den Flossen gepackt zu werden, hat es doch die Möglichkeit, den ihr liebsten Partner zu wählen und auf diese Weise für sexuelle Selektion zu sorgen.

Die Fantasien der Knochenfische

Während nach gegenwärtigem Kenntnisstand das Fortpflanzungsverhalten der Knorpelfische im Großen und Ganzen immer demselben, durch die innere Befruchtung bestimmten Grundschema entspricht, lässt sich bei den Knochenfischen eine (verglichen mit allen anderen Wirbeltieren) unglaubliche Vielfalt von Verhaltensweisen und physiologischen Anpassungsmustern beobachten.

Die Fortpflanzung von Fischen stellt man sich normalerweise so vor, dass die Geschlechtszellen ins Wasser abgesondert werden und alles Übrige dem Zufall überlassen bleibt. Damit liegt man aber vollkommen falsch. Denn gemessen an der aufgewendeten Mühe wäre der erzielte Erfolg nur gering, und das System würde daher früher oder später durch ein effizienteres ersetzt werden.

Zwar greifen einige Fische tatsächlich genau auf diese Methode zurück, aber nur, wenn die Umstände es zulassen. So wäre beispielsweise bei einem Schwarm von mehreren Millionen nebeneinander schwimmenden Sardinen das gegenseitige Umwerben Energieverschwendung. Sie bewegen sich ohnehin derart »aneinandergepackt« fort, dass sie die Absonderung der Geschlechtszellen nur zeitlich aufeinander abstimmen müssen und den Rest dem Zufall überlassen können. Das Ganze ließe sich in etwa mit einer gezielten Partnersuche zur Stoßzeit am Mailänder Hauptbahnhof, wenn alle zum Ausgang drängen, vergleichen: ein ziemlich aussichtsloses Unterfangen. In diesem Fall ist es sehr viel günstiger, auf den Zufall zu setzen und sich mit irgendeinem, für manche vielleicht suboptimalen Partner zufriedenzugeben, als darauf zu hoffen, dass die Traum-Sardine mit dem Schnellzug aus Turin eintrifft. In gewisser Weise ist die Fortpflanzung von Sardinen eher mit einer Lotterie als mit einem Sexualakt vergleichbar. Seid fruchtbar und mehret euch, die Evolution wird schon die ihren erwählen, hätte Simon de Montfort vielleicht gesagt, wenn er den Gedanken nicht als ketzerisch erachtet hätte.

Während manche Fische ihre Eier nur ins Wasser absondern, finden sich am anderen Ende des ethologischen Spektrums monogame Fische, die während des gesamten Fortpflanzungsvorgangs – manchmal sogar für immer – ein festes Paar bilden. Ein gutes Beispiel dafür liefern die Seepferdchen, bei denen das Männchen bekanntermaßen eine Bauchtasche hat, in der es die Eier »ausbrütet«. Das Balzverhalten dieser merkwürdigen, kaum als solche erkennbaren Fische wird einem zufälligen Betrachter wunderbar zärtlich und romantisch erscheinen. Das Männchen beginnt das Weibchen zu umwerben, indem es mit erhobenem Kopf um dieses herumtanzt. Wird die Werbung akzeptiert, tanzen beide Partner gemeinsam weiter, wobei sie ihre Farbe ändern und sich Seite an Seite schwimmend am Schwanz fassen oder an einen Pflanzenstängel geklammert im Kreis schwimmen. Manche Arten berühren sich zärtlich an den Seiten und erzittern dabei. All das geschieht einen Tag vor der Begattung. Am »Hochzeitstag« wird das Werben noch intensiver, und das Paar schwimmt in synchronen Spiralen aufwärts. Währenddessen öffnet und schließt das Männchen mittels eines Wasserstrahls seine Bauchtasche, um dem Weibchen zu zeigen, dass sie leer und empfangsbereit ist. So stimmungsvoll das ganze Schauspiel erscheinen mag, dient es vor allem dazu, die Bewegungen so aufeinander abzustimmen, dass die Übertragung der Eier aus dem Legerohr (Ovipositor) des Weibchens in den Beutel des Männchens möglichst leicht vonstattengeht, während das Paar zur Wasseroberfläche strebt: Ein höchst schwieriges Unterfangen, wie jeder Pilot, der während des Fluges schon mal tanken musste, bestätigen kann.

All das ist nur auf den ersten Blick romantisch. Bei näherem Hinsehen erscheinen die Dinge ganz anders. Zwar haben alle Jungen einer Brut genetisch gesehen dieselben Eltern. Aber während er die dominante (größte) »sie« umwirbt, flirtet er gleichzeitig mit anderen Weibchen, womöglich um im Falle eines von ihm beschlossenen Partnerwechsels die nachfolgende Balzzeit zu verkürzen. Da lässt sich nichts machen, Männer sind alle gleich, ganz egal welcher Art sie angehören. Allerdings kommt es auch vor, dass, während »er« und »sie« sich umwerben, ein weiteres Weibchen dazwischenfunkt und versucht, der »offiziellen Verlobten« den Partner wegzuschnappen. Auch das kommt mir irgendwie bekannt vor. Meist bleiben die Seepferdchen jedoch über mehrere Bruten hinweg monogam. Das dürfte trotzdem kaum etwas mit zärtlichen und leidenschaftlichen Gefühlen zu tun haben (jedenfalls ist es im Zusammenhang mit Fischen problematisch, von Gefühlen zu sprechen, da wir so gut wie nichts darüber wissen). Grund dafür scheint vielmehr zu sein, dass das »Tanken im Flug« oder besser gesagt, die Übertragung der Eier mit einem bereits erprobten Partner einfacher zu bewerkstelligen ist. Übrigens erfolgt etwa ein Drittel der im Aquarium unternommenen Paarungsversuche von Seepferdchen mit einem Partner desselben Geschlechts. Auch wenn sie treu sind, kommt es also bei dieser Gattung recht häufig zu homosexuellen Seitensprüngen.

Einen weiteren, auf die Spitze getriebenen Fall von Monogamie liefern uns einige in der Tiefsee beheimatete, zur Unterordnung der *Ceratioidei* gehörende Anglerfisch-Arten (von Feinschmeckern auch Seeteufel oder Lotte genannt), wie zum Beispiel *Cryptopsaras couesii* und *Bufoceratias wedli*. Diese Fische leben in Meeresregionen von 500 bis 3000 Metern Tiefe. Es gibt dort kaum Sauerstoff, extrem wenig Nahrung und kein Licht. In einer derart unwirtlichen Umgebung ist das Fischvorkommen logischerweise ziemlich gering. Entsprechend unwahrscheinlich ist es, einem Partner zu begegnen. Wie soll man es anstellen, an einem Ort, so finster wie die Nacht, ausgerechnet dann auf eines der wenigen Weibchen zu stoßen, wenn dieses empfänglich ist, und sich obendrein die Vaterschaft zu sichern? Es ist schwierig und erfordert Opfer, aber es ist keine unlösbare

Aufgabe, und wenn man sich zu bescheiden weiß, sind die Vorteile gar nicht so gering: Man muss nur zur Selbstaufgabe bereit sein.

Aus den Eiern verschiedener Tiefseeangler-Arten schlüpfen winzige, offenbar überwiegend männliche Larven. Die wenigen weiblichen Larven entwickeln sich ganz normal zu Anglerfischen. Ihren Namen haben sie aufgrund eines stachelförmigen Auswuchses am Kopf (Lophophor), den sie wie eine Angel zum Fangen von Beute verwenden. Als Köder benutzen sie Licht: Der Auswuchs ist nämlich biolumineszent, und an einem Ort, an dem ewige Nacht herrscht, lassen sich die ahnungslosen Opfer vom plötzlichen Aufleuchten eines Sterns leicht anlocken. Die männlichen Larven entwickeln sich unterdessen zu unförmigen, verglichen mit den Weibchen winzig kleinen erwachsenen Tieren. Beispielsweise sind beim Riesenangler *(Ceratias holboelli)* die Weibchen 60 Mal länger und bis zu 5000 Mal schwerer. Die Weibchen erreichen eine Körperlänge von 70 bis 80 Zentimetern, die Männchen bringen es dagegen nur auf wenige Millimeter. Letztere haben außerdem keine Angel, sie sind nicht biolumineszent, haben keine zum Beißen geeigneten Zähne und sind obendrein nicht einmal in der Lage, sich selbst zu ernähren. Das Einzige, was sie können, ist, im Dunkeln ein Weibchen zu finden. Manche Arten haben riesige Augen, mit denen sie nach dem »Leucht-Köder« Ausschau halten, andere haben extrem gut ausgebildete Nasen und verfolgen wie Jagdhunde mit dem Geruchssinn die Spur der vom Weibchen hinterlassenen Pheromone.

Sobald sie das Weibchen gefunden haben, geschieht

etwas für Wirbeltiere Einzigartiges: Anstatt es zu umwerben und um Erlaubnis zu bitten, klammern sie sich mit den Zähnen an dessen Bauch fest. Dort wo sie sich berühren, sorgen nun entsprechende Enzyme für eine Verschmelzung seiner Lippen mit ihrer Haut, und Männchen und Weibchen werden zu einer Einheit, zu einem Ganzen. Wie bei siamesischen Zwillingen verschmelzen ihre Blutkreisläufe miteinander, und sie bleiben für immer vereint. Von nun an ernährt sich das Männchen über die aus dem Blut zu ihm gelangenden Nährstoffe auf Kosten des Weibchens und wird formal zum Parasiten. Aber eigentlich wäre es korrekter, statt von Parasitismus von Symbiose zu sprechen, da auch das Weibchen seinen Vorteil aus dieser bizarren Situation zieht: Wenn es beschließt, sich fortzupflanzen, befiehlt es dem Männchen mittels in den Blutkreislauf abgesonderter Hormone, Spermien zu produzieren. Auf diese Weise hat es stets ganz frische zur Hand.

Im Grunde ist der durch die Verschmelzung von Männchen und Weibchen entstandene Organismus ein funktioneller Zwitter (Hermaphrodit): ein Weibchen, dem ein paar Hoden am Bauch kleben, die früher jemand anderem gehört haben. Bei manchen Arten haftet immer nur ein Männchen an dem Weibchen, möglicherweise existiert hier seitens des Männchens ein Kontrollmechanismus, der die Beteiligung weiterer Individuen verhindert. Männliche Anglerfische haben übrigens keinerlei Skrupel hinsichtlich Pädophilie. Sie klammern sich an das erstbeste Weibchen, das ihnen über den Weg läuft, unabhängig davon, ob es noch jung und nicht geschlechtsreif ist. So sichern sie sich zumindest tagtäglich gratis ihre Mahlzeit. Bei anderen Arten ist dagegen die Kontrolle des Männchens über die Vaterschaft ausgeschaltet. Beim Riesenangler hat man bis zu acht Männchen an einem Weibchen gefunden. So kommt es zu Spermienkonkurrenz und einer größeren genetischen Vielfalt beim Nachwuchs.

Der isländische Biologe Bjarni Saemundson, der diese besondere Symbiose 1922 erstmals beschrieb, war offenbar derart erstaunt, dass er seinen eigenen Augen nicht trauen wollte und die am Weibchen haftenden »Parasiten« daher zunächst für Junge und nicht für Sexualpartner hielt. Damals hatte man noch nicht begriffen, weshalb alle gefischten Tiere weiblich waren, und die Männchen, bei denen sich dieses »parasitäre Verhalten« beobachten ließ, ordnete man anderen Arten, Gattungen und (solange sie noch in eigenständiger Form in Erscheinung traten) sogar anderen Familien zu. Heutzutage kommt uns glücklicherweise die Untersuchung der DNA zu Hilfe, und man hat Ordnung in die Unterordnung gebracht.

Die bisher beschriebenen Fälle bilden eher die Ausnahme als die Regel. Normalerweise balzen Fische in einer uns vertrauteren Weise, indem das Männchen die Aufmerksamkeit des Weibchens auf sich zu ziehen versucht, um für die Befruchtung der Eier erwählt zu werden. Variabel sind lediglich Techniken und Verfahren.

Der Gemeine Sonnenbarsch *(Lepomis gibbosus)* ist beispielsweise ein Revierfisch, der im Frühjahr flache Gewässer aufsucht, um dort sein Revier abzustecken. Mit dem Schwanz fegt er über den Grund und gräbt eine Grube, die ihm als Nest dient. Die Männchen leben überwiegend in Schwärmen, und ihre Nester liegen relativ dicht beieinander (die Entfernung hängt von den jeweiligen Gebietsansprüchen ab). Sobald das Männchen sein »Liebesnest« geschaffen hat, wartet es darauf, dass ein Weibchen vorbeikommt. Dabei ist es nicht gerade wählerisch. Der Gemeine Sonnenbarsch umwirbt jedes Weibchen, das sich seinem Nest nähert, solange es nur zu seiner Art gehört (im Gegensatz zu *L. megalotis,* einem in Amerika beheimateten Sonnenbarsch mit offenbar geringen taxonomischen Fähigkeiten, der im Zweifelsfall auch um die Weibchen von *L. gibbosus* wirbt). Wenn sich ein geschlechtsreifes Weibchen dem Nest des bevorzugten Männchens nähert, vollführen die beiden Fische einen kurzen Balztanz. Daraufhin legt sie die Eier in die Grube und wird von ihm anschließend höflich aufgefordert, sich zum Teufel zu scheren, während er zur Bewachung der Eier zurückbleibt. Eine ziemlich kurze Lovestory. Die eigentliche Balz besteht darin, das Weibchen dazu zu bringen, sich der Grube zu nähern: Das Männchen nimmt eine schillerndere Färbung an, es nähert sich dem Weibchen, schwimmt um sie herum, biegt sich, um ihr die Rückenpartie zu zeigen (»Sieh nur, was ich für Muskeln habe! Und was für Flossen!«), schwimmt dann zur Grube (»Schau mal her! Hier werde ich deine Kinder aufziehen, eine super ausgestattete Grube mit Privatschule ganz in der Nähe«), kehrt schließlich wieder zu ihr zurück und hält unmittelbar vor ihr inne (»Komm schon, Baby«). Manchmal beißt er sie auch (»Auf jetzt!«). Dieses Verhalten wiederholt sich mehrmals hintereinander. Nach und nach wird das Männchen ruhiger und schwimmt langsamer (»Super! Ich krieg sie rum!«), bis das Weibchen sich nach etlichen derartigen Zyklen überreden lässt, die Grube aufzusuchen.

Andere Fische errichten regelrechte Schau-Arenen, sogenannte *Leks,* in denen sie gegeneinander antreten. Die Männchen einer Art versammeln sich an einem bestimmten, für die jeweilige Population stets gleichbleibenden Ort und liefern sich in unterschiedlicher Weise einen Wettstreit, um den zuschauenden Weibchen zu zeigen, wie schön/toll/stark sie sind. Wer am Ende gewinnt, wird für gewöhnlich der Anführer des weiblichen Harems und der Vater fast aller Jungen. Die Männchen des *Copadichromis eucinostomus,* eines im Malawisee vorkommenden polygamen Buntbarsches[10], bauen zum Beispiel Sandburgen. Der Wettbewerbsteilnehmer mit der größten Sandburg – die ein Fundament von mindestens einem Meter Durchmesser haben muss – »gewinnt« die Weibchen. Besagter Fisch ist etwa zehn Zentimeter lang und für den Bau seiner Sandburg braucht er mindestens zwei Wochen. Aber die Mühe lohnt sich, denn andernfalls scheidet er aus dem Spiel der Evolution aus.

---

10 Obwohl Buntbarsche dafür bekannt sind, Paare zu bilden und Brutpflege zu betreiben, liefert bei den polygamen Arten diesbezüglich nur das Weibchen seinen Beitrag. Um erwählt zu werden, muss das Männchen daher beweisen, dass es über mindestens ebenso viel Energie verfügt, wie sie das Weibchen auf die Brutpflege verwendet, weshalb das Männchen zu so absonderlichen Manifestationen seiner Fähigkeiten bereit ist.

Herzensbrecher dieser Erde

Im Prinzip gibt es zwei Gruppen von Amphibien: die mit Schwanz, also die Schwanzlurche oder sogenannten *Urodela* (Salamander und Molche), und jene ohne Schwanz, also die Froschlurche oder *Anura* (Frösche und Kröten). Zwar gibt es auch noch die Schleichenlurche, die weder Schwanz noch Gliedmaßen haben, aber über sie und vor allem über ihr Balzverhalten ist fast nichts bekannt.

Schwanz- und Froschlurche unterscheiden sich nicht nur durch das Vorhandensein oder Nichtvorhandensein eines Schwanzes, sondern auch durch die Art der Befruchtung. Abgesehen von wenigen Ausnahmen findet sie bei den Froschlurchen äußerlich, bei den Schwanzlurchen innerlich statt. Es sei hier angemerkt, dass die Einteilung in äußerlich und innerlich der Position der Eier im Augenblick der Befruchtung entspricht. Folglich ist entscheidend, ob sich die Eier zu diesem Zeitpunkt innerhalb oder außerhalb des weiblichen Körpers befinden, und nicht, ob ein männlicher Penis im Spiel ist.

Wenn Sie glauben, das liefe ohnehin aufs Gleiche hinaus, so irren Sie sich: Bei den Schwanzlurchen erfolgt die Befruchtung innerlich, indem die Männchen die Spermien in einem kleinen, *Spermatophore* genannten Membransäckchen sammeln und das gesamte Balz- und Paarungsverhalten darauf ausrichten, dieses Säckchen mit mehr oder weniger ausgefeilten Methoden in die Kloake des Weibchens einzuführen. Auf den ersten Blick scheinen sich die Salamander das Leben komplizierter zu machen als die

Frösche, die ihr Sperma einfach über den Eiern absondern, sobald das Weibchen diese bildet. Aber in Wahrheit bietet das Vorgehen der Salamander den beachtlichen Vorteil, dass man sich begegnen, umwerben und paaren kann, wo man gerade Lust hat, also nicht notgedrungen im Wasser. Amphibieneier müssen im Wasser (oder in einem geeigneten, konstant feuchten Organ der Elterntiere) abgelegt werden, da alle Larvenarten mit Kiemen ausgestattete Wassertiere sind. Erfolgt die Befruchtung äußerlich, muss die Paarung im Wasser stattfinden. Ist sie dagegen innerlich, kann sich das Weibchen begatten lassen, wo es will. Es kann sogar die Spermatophore monatelang aufbewahren, bis die Bedingungen günstig sind und die Eiablage im Wasser erfolgen kann. Einige Salamander und Erdwühlen haben sogar einen Weg gefunden, diese Phase zu umgehen. Sie bringen Junge zur Welt, die Miniaturkopien ihrer Eltern sind und das heikle Larvenstadium im Mutterleib durchlaufen haben. Es sind also eigentlich nur theoretisch Amphibien.

Der Chor der Froschlurche

Bei Kröten, Unken, Laubfröschen, Scheibenzünglern, Erdfröschen und all den anderen mehr oder weniger stark mit Warzen gespickten, froschähnlichen Tierchen lassen sich im Prinzip zwei verschiedene, ziemlich schematisierte Balzstrategien unterscheiden, die einerseits mit der kontinuierlichen und andererseits mit der saisonalen Fortpflanzung einhergehen.

In den gemäßigten sowie den subtropischen Breiten,

wo Wasser nur begrenzt vorhanden ist und die richtigen Feuchtigkeits- und Temperaturverhältnisse nur kurze Zeit bestehen, oder wo für die Reproduktion ein dramatischer Kampf mit den eigenen Artgenossen ausgefochten werden muss, kommt es zur saisonalen und somit zu einer explosionsartigen Fortpflanzung. Explosionsartig heißt hier nicht, dass sich die Frösche, wie bei Phaedrus, vor lauter Eitelkeit aufblähen, bis sie platzen. Vielmehr müssen alle Reproduktionsphasen innerhalb eines Zeitfensters von wenigen Tagen durchlaufen werden, um beispielsweise die nach einem Unwetter entstandenen, temporären Gewässer zu nutzen und den Kaulquappen die für ihre Metamorphose nötige Zeit zu gewähren. Vielleicht wäre die Bezeichnung »angepasste Fortpflanzung« treffender (wenngleich nicht so ausdrucksstark), da man dabei weniger an einen Frosch mit einer Dynamitpatrone im Bauch denkt, sondern eher an die Nutzung der im Lebensraum vorhandenen Ressourcen.

Zur kontinuierlichen Reproduktion kommt es dagegen dort, wo die Bedingungen es zulassen. Die Ablage der befruchteten Eier (Laichung) erfolgt über mehrere Monate, in den Tropen sogar während des gesamten Jahres.

Ein exemplarisches Beispiel für die saisonale und somit explosionsartige Fortpflanzung liefert unsere Erdkröte *(Bufo bufo)*. Sie hat während ihrer reproduktionsbedingten Wanderungen Tausende von Opfern in den eigenen Reihen zu beklagen, da viele Individuen auf ihrem Weg zu zukünftigen Elternfreuden in der Heimat, beim Überqueren von Straßen unter die Räder geraten. Bei vielen Arten ist die Fortpflanzungsstätte tatsächlich immer dieselbe, und viele

Individuen halten erstaunlich treu an ihrem Geburtsort fest. Bringt man sie in einen anderen, ebenso oder sogar besser geeigneten Tümpel, versuchen sie dennoch, dorthin zurückzukehren, wo sie ihre eigene Metamorphose durchlaufen haben. Eine englische Studie zeigt, dass der Anteil erwachsener Erdkröten, die innerhalb eines Jahres an ihren Geburtsort zurückkehren, zwischen 79 und 96 Prozent liegt. Bedenkt man, dass manche Amphibien zu diesem Zweck bis zu 10 Kilometer zurücklegen müssen, ist das eine beachtliche Zahl. Um den Weg zu finden, orientieren sie sich an zahlreichen Anhaltspunkten, etwa dem Feuchtigkeitsgrad, bestimmten Gegenständen, der Stellung der Himmelskörper und dem Lockruf von Artgenossen.

Sobald die Männchen den Tümpel erreicht haben, »singen« sie eine kurze Zeit lang leise, um die Weibchen anzulocken und Abstand voneinander zu halten, wobei sie sich oft genug auf das erstbeste vorbeikommende Weibchen, ja, auf alles stürzen, was im Entferntesten an eine Kröte erinnert. Seien dies andere Krötenmännchen oder menschliche Fuß- beziehungsweise Handgelenke. Sobald ein Weibchen ihren Aktionsradius betritt, springen die Männchen rittlings auf sie und klammern sich unter ihren Achseln fest. Dabei kommen bestimmte, mit Hornhaut versehene und nur beim Männchen vorhandene Auswüchse an den Vorderbeinen, die sogenannten Brunstschwielen, zum Einsatz. Diese für alle Froschlurche und viele Schwanzlurche typische Umarmung wird in der Fachsprache als *Amplexus* bezeichnet. Manche Froschlurche greifen auch auf den sogenannten *Amplexus lumbalis* zurück: Hierbei wird das

Weibchen direkt oberhalb der Hinterbeine umarmt. Die Umklammerung ist so fest, dass man beide Kröten hochheben kann, auch wenn man nur das Männchen greift. Es lässt nicht von dem Weibchen ab und hält es fest, was allerdings vermutlich wenig mit seiner ritterlichen Gesinnung zu tun hat. Bei der Erdkröte kann die Umarmung mehrere Tage andauern, bei der Wechselkröte dauert sie dagegen nur wenige Stunden. Die von der Erdkröte gewählte Taktik ist insofern sinnvoll, als er, während er rittlings auf ihr hockt, andere Männchen daran hindern kann, die Eier zu befruchten. Aus diesem Grund beginnt die Umarmung bisweilen schon vor dem Zeitpunkt, zu dem das Weibchen körperlich in der Lage ist, die Eier zu produzieren, und endet erst lange nach der Ablage des letzten der 4000 bis 6000 Eier. Schließlich weiß man nie so genau. Manchmal ist das Männchen nicht so erfolgreich, und zwei, drei, ja bis zu fünf Männchen hocken gleichzeitig rittlings auf ein und demselben Weibchen. Das wird darüber nicht gerade begeistert sein, da es Gefahr läuft zu ersticken. Wenn sich ein Männchen aus Versehen an ein anderes Männchen oder ein nicht mehr empfängliches Weibchen klammert, so stoßen diese in der Regel ein protestierendes Quaken aus, mit dem das Missverständnis geklärt wird.

Die bei der explosionsartigen Fortpflanzung verwendete Technik ist eher grob und brutal, aber sie hat sich auf Grund der drängenden Zeit durchgesetzt: besser nur einen Tag lang fortpflanzen als hundert Tage auf dem Weg zum Aussterben.

Zu einem sicherlich interessanteren, wenn auch nicht

unbedingt romantischeren Balzverhalten kommt es bei der kontinuierlichen Fortpflanzung. Die Männchen versammeln sich zunächst an der Fortpflanzungsstätte. Da es sich um Dauergewässer handelt, müssen sie keine langen Wanderungen unternehmen, denn die erwachsenen Tiere leben in der Regel in der Nähe ihres Geburtsgewässers. Oft kommen Frösche verschiedener Arten zusammen, denn letztlich macht Einigkeit stark, und ein Räuber wird schneller satt, wenn er Nahrung im Überfluss findet, als wenn er erst hier und dort danach suchen muss. An der Fortpflanzungsstätte bildet sich ein Lek, wo alle Männchen einer Art miteinander in Wettstreit treten, um auf sich aufmerksam zu machen, und vor allem, um von einer weiblichen Artgenossin erwählt zu werden. Diesmal handelt es sich um einen Gesangswettbewerb. Das Weibchen nähert sich dem Gefährten, der die beste Darbietung erbringt: im Ausstoßen von Tönen, die gemessen an seinem wenige Zentimeter großen Körper von ungeheurer Lautstärke sind und damit den Beweis liefern, dass er gewaltige Energie aufbieten kann. Die Männchen raufen nicht miteinander und fallen nicht über die Weibchen her. Sie bleiben, wo sie sind, und bieten ihre Leistungen dar. Schließlich ist man hier unter Profis. Nähert sich ein Weibchen der richtigen Art, wird der Lockruf häufiger oder ändert die Tonlage, sodass er sich deutlich von einem bloßen Revierquaken unterscheidet.

Für die weibliche Jury kann die Wahl des richtigen Männchens bisweilen ganz schön schwierig werden. Nach welchem Kriterium soll der beste Mitstreiter gewählt werden? Als Preis winkt nicht nur die Befruchtung der Eier, sondern auch die Aussicht, den eigenen Nachwuchs heranwachsen und sich vermehren zu sehen. Das Männchen sollte also eine möglichst optimale Genkombination aufweisen.

Ein Kriterium ist sicher, dass alle kränklich wirkenden Männchen ausscheiden, da sie offenbar kein hinreichend geeignetes Immunsystem haben. In schwierigen Zeiten wie diesen, in denen der Chytridpilz *Batrachochytrium dendrobatidis* unter den Amphibien für Verheerung sorgt, kann sich dieses Vorgehen als besonders wirksam erweisen. Ein zweites Kriterium ist die Unterscheidung zwischen Revier- und Satellitenmännchen und der Ausschluss Letzterer, wobei die Wahl bisweilen mithilfe der Erwiderung des Lockrufes erfolgt. Männchen und Weibchen ergehen sich in einem bühnenreifen Duett, das dem Weibchen zum einen das Auffinden des singenden Reviermännchens erleichtert, falls dieses wie beim Krallenfrosch *Xenopus laevis* unterm Schlamm vergraben ist. Zum anderen werden die Lockrufe des Männchens weiter angeregt, sodass es – vor allem, wenn mehrere singende Männchen nahe beieinander sind – besser herauszuhören ist.

Handelt es sich um einen Lek, bei dem alle Männchen im Chor singen, möglicherweise sogar, wie bei vielen Laubfröschen, von einem erhöhten Standort aus, muss das Weibchen in der Lage sein, jeden einzelnen Lockruf des Chors zu unterscheiden. Beispielsweise wie ein Orchesterdirigent jedes Instrument aus dem gesamten Orchester heraushören kann. Beim Coqui-Frosch *(Eleutherodactylus coqui)* ist die Wahrnehmungsfähigkeit des Lockrufs in besonderer Weise ausgebildet. Ihren Namen verdankt diese Art der Tatsache, dass ihre ausgestoßenen Laute tatsächlich wie »co-qui, co-qui, co-qui« klingen. Die Klangfolge ist kein Zufall. »Co« ist eine Botschaft an andere Männchen im niedrigen Frequenzbereich, während das höhere »Qui« an die für höhere Frequenzen empfänglichen Weibchen gerichtet ist. Man kann sich das Ganze so vorstellen, als würden die Männchen in einem Atemzug singen: »Hier habe ich das Sagen, komm her, Süße.« Letzten Endes entscheiden jedoch die Weibchen, auf wen sie hören. Meistens ist das größte Männchen das beliebteste, da es auch am lautesten ruft und den Leitton zum Anstimmen des Froschchors vorgibt. Allerdings kommt es gar nicht so selten vor, dass Frösche ein und derselben Art verschiedene »Dialekte« sprechen und ein fremdes Weibchen den Chor möglicherweise nicht zu entschlüsseln vermag, während ein fremdes Männchen, wenn es anfängt zu singen, sich vielleicht gar dem Mobbing des restlichen Chors ausgesetzt sieht. Ein wahres Froschleben …

Tanz der Molche

Molche und Salamander paaren sich gewissermaßen auf Distanz: Das Männchen produziert die Spermatophore und sorgt dafür, dass das Weibchen sein Hochzeitsgeschenk erhält. Meist wird die Spermatophore am Grund des Gewässers abgelegt, nachdem das Männchen seine Auserwählte gefunden und umworben hat und sie nun noch davon überzeugen muss, bei allem »mitzuspielen«. Aber hier liegt genau die Schwierigkeit. Das Weibchen muss sich nämlich an der Spermatophore vorbeibewegen und diese in die Kloake einführen. Sie muss also kooperativ und in jedem Fall einverstanden sein. Nichts leichter als das für diese bunten Herzensbrecher: Am einfachsten ist es, mit den Abdomendrüsen Pheromone zu produzieren, die das Weibchen anlocken, und sie ihr mit dem Schwanz zuzufächern, damit sie sich nicht zufällig verflüchtigen. Ist es der richtige Geruch, verliert sie gänzlich den Verstand. Wenn sie das Männchen jedoch nicht findet, beginnt sie, wie Laborexperimente gezeigt haben, allem aufzulauern, was ihr über den Weg läuft, selbst wenn es sich um ausgewachsene Weibchen einer anderen Art handelt.

Besonders eingehend wurde das Balzverhalten des in Amerika beheimateten Waldsalamanders *Plethodon shermani* untersucht. Er gehört zur Familie der Lungenlosen Salamander *(Plethodontidae)* und paart sich auf dem Land. Nachdem das Männchen eine potentielle Partnerin gefunden hat, nähert es sich ihr – vorausgesetzt, sie ist damit einverstanden –, berührt sie mit dem Maul am Schwanz, besteigt sie und reibt ihr die Pheromone um die Nasenlöcher. Beschließt das Weibchen, berauscht von seinem faszinierenden Duft, sich auf diese Ehe einzulassen, werden die Stellungen vertauscht. Sie hockt nun rittlings auf dem Schwanz des Partners und bettet ihr Kinn auf seinen Rücken. In dieser Stellung tritt das Paar nun seinen Hochzeitsmarsch an. Das Männchen leitet die Empfänglichkeit des Weibchens daraus ab, wie weit sie Schritt hält. Kommt sie aus dem Takt oder wird langsamer, bedeutet das, dass sie noch nicht so weit ist. Trunken vor Leidenschaft und Pheromonen schreitet das Paar mit ihr obenauf voran, bis er nach etwa sieben Minuten innehält, seine Kloake absenkt und die Spermatophore absondert, die aus einer Masse von Spermien auf gallertartigem Grund besteht.

Der Hochzeitsmarsch beginnt aufs Neue, wobei das Männchen den Schwanz seitlich hält, um die Spermatophore nicht zu berühren. Sobald sie darüber streift, hält sie inne, nimmt die richtige Position ein, senkt sich herab und führt das Spermienpaket in die Kloake ein. Dann laufen beide weiter, und die gallertartige Trägermasse bleibt am Grund zurück. Nach der Hochzeit trennt sich das Weibchen vom Partner und geht seine eigenen Wege. Ein bisschen kompliziert, aber scheinbar amüsant. Das Kamasutra der Waldsalamander ist jedoch leider kein Garant für die Befruchtung, denn wenn sie nicht hinreichend empfänglich ist, bewegt sie sich über die Spermatophore hinweg, ohne sie zu bemerken, und die Paarung bleibt erfolglos. Dennoch handelt es sich um eine uralte, allen Waldsalamandern bekannte Methode, die hinreichend effizient sein muss. Denn dieses Ritual wird seit über 100 Millionen Jahren unverändert vollzogen und hat bei der evolutionären Wertung offenbar die höchste Punktzahl erhalten.

Verliebte Reptilien

Die Bezeichnung *Reptilien* ist ziemlich weit gefasst. Bei genauerem Hinsehen müssen letztlich auch wir Säugetiere als ein überlebender Zweig der sogenannten säugetierähnlichen Reptilien gelten. So sind beispielsweise Krokodile enger mit Dinosauriern und Vögeln verwandt als mit Schildkröten und Eidechsen enger mit Schlangen als mit den ihnen ähnlichen Brückenechsen. Zur Vereinfachung werden wir hier über all das sprechen, was man für gewöhnlich unter »Reptil« versteht, zum Beispiel über Eidechsen, Krokodile, Schildkröten und Schlangen. Es muss jedoch betont werden, dass die Unterschiede zwischen der einen und der anderen Gruppe vor allem der Tatsache geschuldet sind, dass es sich bei »Reptilien« um eine zusammengewürfelte Vielzahl an Tieren handelt, die nicht immer enge gemeinsame Vorfahren haben.

Schillernde Schuppenkriechtiere

Die überschwänglichsten und fantasievollsten »Reptilien« bei der Balz sind zweifellos die Schuppenkriechtiere, also die verschiedenen Echsen und Schlangen. Bei Echsen ist die Interaktion zwischen den Geschlechtern in erster Linie an den Gesichtssinn gekoppelt, während sich die Schlangen mithilfe von Pheromonen am Geruch erkennen. Natürlich gibt es auch hier Ausnahmen.

Viele Echsen stecken ein Revier ab und verteidigen es, wobei es aber selten zu körperlichen Auseinandersetzungen mit anderen Artgenossen kommt. Bei vielen Arten hat die »Unfallverhütungsabteilung« der Evolution den direkten, teilweise gefährlich werdenden Kampf durch einen weniger gefährlichen rituellen Kampf ersetzt, der im Wesentlichen eine Veränderung von Farbe und Körperform und im Höchstfall eine kleine Rauferei beinhaltet. So kann ein Individuum beispielsweise dadurch größer wirken, dass es seinen Nacken- oder Rückenkamm aufstellt, den Kragen am Hals auffächert oder seitlich zu seinem Rivalen Stellung bezieht. Bei den Revierstreitigkeiten zwischen Männchen spielen auch Gesten eine Rolle, wie etwa das Aufbäumen des Oberkörpers, das Bewegen des Schwanzes oder Schwingen des Kopfes. Die zur Kommunikation mit Artgenossen beliebtesten Signale bleiben bei Echsen jedoch die oft schillernden Körperfarben. Ebenso wie Vögel haben Echsen ein vierfarbiges Sehvermögen. Geckos können sogar im Dunkeln Farben unterscheiden und nutzen diese wie die Vögel zur Balz.

Ein gängiges Beispiel ist die während der Fortpflanzungsperiode blau gefärbte Kehle der männlichen Smaragdeidechse. Die grünbraunen Weibchen werden in Wahrheit gar nicht von dem Blau, sondern der speziellen, durch die blaue Kehle reflektierten ultravioletten Lichtstrahlung angezogen. Dieses für unsere Augen unsichtbare, für mögliche Räuber wie etwa Vögel hingegen gut sichtbare Licht verkörpert das, was der Evolutionsbiologe Amotz Zahavi als »glaubwürdiges Signal« für gute Gene bezeichnet hätte: Wenn es diese Smaragdeidechse geschafft hat, trotz des für einen Räuber leicht zu erkennenden Leuchtsignals zu überleben, ist sie es wert, sich mit ihr fortzupflanzen. Die zu den Skinken zählenden *Plestiodon Eumeces laticeps* haben dagegen einen orangefarbenen Kopf, während sich die Kehlen der männlichen Schildechsen *Zonosaurus brygooi* rot färben. Der Leguan *Sauromalus ater* ist wiederum nicht ganz so »glaubwürdig«: Zwar schillern auch hier die Männchen stärker als die Weibchen, aber der »leuchtendste« Teil, nämlich der Schwanz, fällt einfach ab, wenn ein Räuber danach schnappt. Andererseits bedürfen auch die Männchen bisweilen eines Signals, um zu entscheiden, welches die Echse ihrer Träume ist. Bei mindestens dreißig Echsenarten hat man Merkmale ausfindig gemacht, mit denen das Weibchen nicht nur seine Fortpflanzungsbereitschaft, sondern auch seine Fitness anpreist. Am häufigsten wurde dazu der Stachelleguan *Sceloporus virgatus* untersucht. Während der Fortpflanzungsperiode weisen die Weibchen an der Kehle orangefarbene Flecken auf. Je widerstandsfähiger und kräftiger das Tier ist und je mehr Eier es produziert, desto größer und schillernder sind die Flecken.

Ein Revier zu verteidigen birgt offenkundige Nachteile, da sich das Tier durch das Hin und Her bei der Überwachung der Grenzen der Gefahr aussetzt, leichte Beute zu werden. Doch bekanntermaßen sind weibliche Partner käuflich und lassen sich von dicken Bankkonten oder von ausgedehnten, ressourcenreichen Gebieten anlocken. Wie allerdings der in Amerika beheimatete Gemeine Seitenfleckleguan *Uta stansburiana* bestätigen kann, ist die Situation nicht immer so einfach. Etliche der polygamen Männchen dieser Art verfügen über ausgedehnte Reviere, die sich mit denen zahlreicher Weibchen überschneiden, mit denen sie sich frei paaren. Besagte Männchen weisen eine kräftige Orangefärbung der Kehle auf. Es gibt aber auch Männchen mit blauen Kehlen, die sich darüber hinaus durch ihr Verhalten von den anderen unterscheiden. Sie sind eifersüchtig und verteidigen nicht nur ihr – verglichen mit den Orange-Kehlchen – kleineres Revier, sondern auch ihre wenigen treuen Partnerinnen, um sich auf diese Weise die Vaterschaft der Jungechsen zu sichern. Dann gibt es noch die Hinterhältigen (im Englischen *sneakers* genannt), die eine gelbgefärbte Kehle haben und wie Weibchen aussehen. Sie verfügen über kein eigenes Revier, sondern fallen, als Weibchen verkleidet, in die Reviere der anderen ein, um deren Partnerinnen zu begatten.

Dieses System hält sich aufrecht, da offenbar alle drei Verhaltensweisen ihre Vor- und Nachteile bieten. Die Orange-Kehlchen gehen aufs Ganze, obschon die Verteidigung eines großen Reviers ihren Preis in puncto Fitness hat. Die Blau-Kehlchen setzen auf die gesicherte Vaterschaft der Kleinen, auch wenn es ganz schön anstrengend ist, sowohl ein Revier als auch die Weibchen und ihre Seitensprünge im Blick zu haben. Die Gelb-Kehlchen schließlich können sich weder ihrer Fortpflanzung noch der Frage sicher sein, ob sie ohne eine Tracht Prügel davonkommen, falls der Revierbesitzer sie erwischt, aber zum Ausgleich sind sie von jeglicher elterlichen Fürsorge entbunden. Vergleichbar dem Spiel Schere, Stein, Papier, bei dem alle drei ein zirkuläres System bildenden Elemente gleichermaßen stark sind: Die Orange-Kehlchen sind durch aggressiveres Auftreten den

Blau-Kehlchen überlegen, die Blau-Kehlchen haben gegenüber den Gelb-Kehlchen die Oberhand, da sie ihre Weibchen verteidigen, und den Gelb-Kehlchen fällt es wiederum nicht schwer, die Orange-Kehlchen auszutricksen.

Apropos Trick: Ein weiteres Fallbeispiel liefern die Meerechsen der Galapagosinseln. Sie bilden ein Lek, bei dem normalerweise das Tier gewinnt (und sich fortpflanzt), das am größten ist und innerhalb des Leks am standhaftesten bleibt. Die männliche Meerechse braucht jeweils rund drei Minuten, um ein Weibchen zu begatten. Während das dominante Männchen auf diese Weise abgelenkt ist, könnte sich in besagten drei Minuten theoretisch ein kleineres, unterlegenes Männchen heimlich in das Revier des Gewinners einschleichen und eines der auf die Gunst der Alpha-Echse wartenden Weibchen begatten. Vorausgesetzt, dass es mitspielt. Das Problem ist, dass in drei Minuten eine Menge passieren kann, etwa, dass man erwischt und von den großen Männchen vertrieben wird, ehe man zur Sache gekommen ist. Was also tun? Die Lösung lautet ganz einfach: vorzeitiger Samenerguss. Die kleineren Männchen ejakulieren im Voraus und bewahren das Sperma gebrauchsfertig im Hemipenis auf. Dadurch sind sie für den Fall gerüstet, dass es ihnen gelingt, sich einem Weibchen zu nähern. Auf diese Weise verkürzt sich die Begattungszeit beträchtlich (einmal rein und einmal raus …), und auch die vom Glück weniger Begünstigten bekommen eine Chance, sich fortzupflanzen und dieses Verhalten an die nächste Generation weiterzugeben.

Nicht alle Echsen greifen bei der Balz auf visuelle Signale

zurück. Die wenigsten Leser werden wahrscheinlich wissen, dass beispielsweise Geckos zur Artikulation von Lockrufen befähigt sind. Der im Mittelmeerraum häufig nachts in Erscheinung tretende Mauergecko *Tarentola mauritanica* gibt zur Markierung seines Reviers Laute von sich, wohingegen seine Partnerin nur bei der Fortpflanzung »singt«. Tatsächlich werden während der Reproduktionsphase fast alle Geckos zu Reviertieren und stoßen Laute aus, die an kleine Trompeten oder Gezwitscher erinnern. Die verschiedenen Geschlechter einer Art verständigen sich untereinander allerdings durch olfaktorische Lockstoffe auf Pheromonbasis, die wie bei den Schlangen mit der Zunge »erschnüffelt« werden. Akzeptieren sich die beiden Geschlechtspartner, fangen sie während der letzten Balzphase an zu zwitschern, den Körper leicht zu schütteln und mit dem Schwanz zu wackeln. Bei diesem Tanz kommt es häufig vor, dass das Männchen das Weibchen kräftig beißt und ihr dabei bisweilen sogar richtig wehtut. Er weiß, dass seine Partnerin monatelang fruchtbar bleibt, deshalb bewahrt er das Sperma auf. Und um sich seine Vaterschaft zu sichern, probiert er es wieder und immer wieder.

Duftende Schlangen

Schlangen beider Geschlechter legen bei ihren Fortpflanzungsstrategien eine außerordentliche Flexibilität und Vielfalt an den Tag. Dabei kommt mangels Leuchtfarben und Spezialeffekten den chemischen Signalen eine größere Bedeutung zu als den visuellen.

Mögen Vipern für Säugetiere zwar gefährlich sein, begegnen sie sich untereinander zum Zeitpunkt der Balz mit großer Zärtlichkeit. Während der seltenen Reproduktionsphasen des Weibchens[11] sondert es beim Fortbewegen über die Haut eine Wolke von Pheromonen ab, die das Männchen mit der Zunge wahrnimmt. Denn wie alle Schlangen erkunden auch Vipern die Welt durch rasches Herausstrecken und Einziehen der Zunge. Mit dieser züngelnden Bewegung gelangen die von außen empfangenen chemischen Signale zum sogenannten *Jacobson-Organ*, das am Gaumen gelegen und mit den Nasenhöhlen verbundenen ist. Heraus kommt eine Art Synästhesie aus Geschmack und Geruch, mittels derer die Schlange besagte chemische Substanz sehr intensiv wahrzunehmen und exakt einzuordnen vermag. Wenn das Männchen merkt, dass ein fortpflanzungsbereites Weibchen in der Nähe ist, wagt es sich in ihr Revier und ihre Nähe vor. Es folgt eine Art rituelle, teilweise Stunden dauernde Jagd, bei der sie voran- und er hinterherkriecht. Am Ende entscheidet sie, ob sie weiterkriechen oder innehalten und den Partner akzeptieren soll. In diesem Fall nähert er sich ihr zärtlich, legt sich neben sie und nickt mit dem Kopf (»Ja, sie macht mit, ja, sie macht mit.«). Letztliches Ziel ist es, die beiden Geschlechtsöffnungen in Kontakt zueinander zu bringen, um zur eigentlichen Begattung zu kommen. Zu diesem Zweck ringelt das Männchen

---

11 Die Fortpflanzung kostet diese wenig aktiven Tiere große Anstrengung und erfolgt daher nur sporadisch, bei manchen Weibchen sogar nur ein einziges Mal in ihrem Leben.

seinen Schwanz um ihren und hebt ihn an. Das Ganze erfolgt bei allen Vipernarten auf sehr bedächtige und friedvolle Weise.

Ganz anders geht es indessen bei den in Manitoba beheimateten Rotseitigen Strumpfbandnattern *(Thamnophis sirtalis parietalis)* zu, die regelrechte Orgien feiern. Die Individuen dieser Art schließen sich zum gemeinsamen Winterschlaf zusammen. In den aus Tausenden von Tieren bestehenden Kolonien gibt es jedoch sehr wenige Weibchen. Das Verhältnis schwankt zwischen 10 bis 100 zu 1. Wenn die Nattern im Frühjahr aus dem Winterschlaf erwachen, beginnt die Reproduktionsphase, und um die unglückseligen Weibchen bilden sich gordische Knoten aus männlichen Schlangen, die verzweifelt versuchen, sich zu paaren und denen jedes Mittel zur Ausschaltung der Konkurrenz recht ist. Der beste Trick ist, sich als Weibchen zu »verkleiden«, indem man ähnliche Pheromone produziert. Auf diese Weise zieht die geschuppte Dragqueen die anderen Männchen an und lenkt deren Aufmerksamkeit von dem echten Weibchen ab. Das verkleidete Männchen kann also (soweit die anderen Männchen es nicht zu sehr bedrängen) ungestört versuchen, sich mit dem Weibchen zu paaren, da es nicht als Konkurrent erachtet und somit nicht beiseitegedrängt wird. Das erhöht beträchtlich seine Chancen auf Nachkommen und die Weitervererbung dieses Tricks, wenn auch zu dem Preis, selbst Gegenstand der Begierde anderer Männchen zu werden. Merkwürdigerweise gilt diese Rivalität zwischen Männchen in gewisser Weise als »sexy«, da die Weibchen mit sehr viel größerem Eifer umworben werden, wenn alle Männchen beisammen sind, als wenn nur je zwei Partner beteiligt wären. Die Verkleidung kann übrigens auch anderweitig zum Einsatz kommen, und die männliche Schlange nutzt sie gern gleich beim Erwachen aus dem Winterschlaf: Die anderen Männchen in der Nähe wärmen sie dann und schützen sie vor potentiellen Räubern, was ihre Chancen auf Fortpflanzung zusätzlich steigert. Der Wettkampf zwischen den Männchen ist derart erbittert, dass es nicht nur zwischen den einzelnen Individuen, sondern auch zwischen deren Sperma zu Rivalitäten kommt und jedes Tier so viel wie möglich und mehr als jedes andere Reptil davon produziert. Im Verhältnis gesehen würde ein 90 Kilo schwerer Mann bei einem einzigen Mal 360 Milliliter Samenflüssigkeit – mehr als eine Coladose voll – produzieren. Das Leben der Strumpfbandnattern muss ziemlich interessant sein.

Besessene Schildkröten

Man könnte meinen, dass der Bauchpanzer der Schildkröten für die Fortpflanzung hinderlich sei, aber eigentlich brauchen sich die Tiere nur aufeinander einzustellen und dafür zu sorgen, dass er beim Männchen leicht gekrümmt ist. Trotzdem sind damit nicht alle Unannehmlichkeiten aus dem Weg geschafft, wie sich insbesondere bei den Meeresschildkröten zeigt, bei denen Balz und Paarung zu einer Art Rodeo werden und derjenige siegt, der sich am längsten im Sattel hält. Meeresschildkröten haben übrigens zwei noch größere Probleme: Erstens, wie schaffen sie es, sich in den Weiten des Meeres zu begegnen, und zweitens, wo sollen sie die Eier ablegen?

Das erste Problem lässt sich lösen, indem man sich im passenden Moment am richtigen Ort verabredet, etwa auf bestimmten Wanderstrecken. Im Grunde genügen dazu ein paar Pheromone und ein bisschen zeitliche Koordination. Das zweite Problem haben andere Meeresreptilien, wie etwa die Seeschlangen, dadurch gelöst, dass sie vivipar geworden sind, ihre Jungen also lebend zur Welt bringen. Bei einem gepanzerten Tier wie der Schildkröte ist das rein anatomisch nicht möglich, da sich das Gewebe während der Tragezeit nicht dehnen lässt. Die Lösung besteht darin, dem Partner in der Nähe des Strandes zu begegnen, an dem die Eier abgelegt werden sollen (einzige Ausnahme bildet die Unechte Karettschildkröte *Caretta caretta,* deren Individuen sich etwa auf halber Strecke zwischen Jagdrevier und Fortpflanzungsstätte treffen). Meeresschildkröten sind allesamt promiskuitiv, das heißt, sie haben mehrere Partner, deren Sperma sie über längere Zeit aufbewahren können. Die Jungen eines Geleges stammen folglich oft von verschiedenen Vätern. Allerdings haben die Muttertiere keine Kontrolle darüber, welches Spermium welche spezielle Eizelle befruchtet. Auch hier bildet die Unechte Karettschildkröte eine Ausnahme, da bei ihr wie bei Katzen und Kaninchen der Eisprung durch den Koitus herbeigeführt wird. Die Männchen bevorzugen ihrerseits besonders große Weibchen, obwohl das kein Garant für größere Fruchtbarkeit ist. Da die Weibchen in der Lage sind, das Sperma aufzubewahren, können sie mehrmals hintereinander Eier ablegen, ohne sich zu paaren. Wie wir gleich sehen werden, ist der Paarungsakt für sie nämlich ein ziemlich traumatisches Ereignis.

In diesem Zusammenhang ist die Fortpflanzung der Suppenschildkröte *(Chelonia mydas)* das wohl bezeichnendste Beispiel. Während der beiden Wochen des Jahres, in denen die weiblichen Tiere empfänglich sind, versammeln sich Männchen und Weibchen gemeinsam im offenen Meer vor den Stränden, auf denen die Eiablage erfolgen soll.

Meist beginnt die Balz auf Drängen der Männchen, aber in 20 Prozent der Fälle ergreift das Weibchen die Initiative. Er folgt ihr, streicht über ihre Kehle und den Kopf oder auch über den Rückenpanzer. Teils beißt er sie auch ziemlich heftig an empfindlichen Stellen wie Hals, Schultern und Beinen, woraufhin sie nicht selten zurückbeißt. Die Bisswunden sind so tief, dass dauerhafte Narben zurückbleiben und die Weibchen nach dieser groben Balz oft blutend zum Strand gelangen, um die Eier abzulegen. Zu allem Überfluss versucht er, seine Nase und seinen Schnabel in ihre Kloake zu stecken, da von dort die Pheromone abgesondert werden. Ähnlich wie bei Hunden scheint er auf diese Weise ihre Empfänglichkeit prüfen zu wollen, wobei der spitze Schnabel an besagter Stelle durchaus Schmerzen verursachen dürfte.

Wenn sich das Weibchen nicht zu dem Partner hingezogen fühlt oder lieber für sich bleiben will, weil es noch nicht ganz überzeugt ist, hat es verschiedene Möglichkeiten, sich vor der Paarung zu drücken. Es kann zum Beispiel züchtig den Schwanz bewegen, sodass die Genitalöffnung verdeckt wird, sich umdrehen und dem Männchen statt des Rückens den Bauch zuwenden, um zu verhindern, dass er sie begattet, oder flaches Gewässer aufsuchen, sodass er sie nicht besteigen kann. Oder alles zusammen und sich anschließend aus dem Staub machen. Lässt sie sich jedoch auf ihn ein, fährt er fort, sie wild in den Hals zu beißen, springt ihr auf den Rücken und klammert sich mit zwei langen, zwischen den Vorderflossen befindlichen Krallen an ihrem Rückenpanzer fest, die in die Haut an der Schulter eindringen und weitere Verletzungen verursachen. Auch die Hinterbeine werden an ihren Panzer gepresst, und der Schwanz schiebt sich unter ihren Bauchpanzer: So hat er sie fest im Griff. All das geschieht im Beisein anderer Männchen, die möglicherweise nicht einverstanden sind und dann mit aller Kraft in die Hinterflossen besagten Männchens beißen, sodass es seinen Griff lockern muss und das Weibchen ihn »abwerfen« kann. Wenn es so weit kommt, ist gleich ein anderes Männchen zur Stelle, um den Platz einzunehmen.

Im Durchschnitt wird ein Weibchen zwei Wochen lang täglich zwei bis drei Stunden von verschiedenen Männchen begattet. Angesichts der Bisse und Verletzungen durch die Vorderkrallen kann man verstehen, dass Schildkrötenweibchen die Fähigkeit zur Aufbewahrung von Sperma entwickelt haben. Wer sollte es ihnen verübeln?

Zärtliche Krokodile

Im Gegensatz zu den als freundlich geltenden Schildkröten stehen Krokodile in dem Ruf, dumm und boshaft zu sein. Aber in Sachen Liebe legen alle 23 uns bekannten Arten ein weitaus freundlicheres Gebaren an den Tag (als die Schildkröten).

Der Liebestanz ist bei allen Krokodilarten ähnlich. Meistens beginnen die Männchen mit dem Ausstoßen von Infraschall-Lauten. Sie sind so tief, dass wir Menschen sie nicht hören können, obwohl die Schwingungen im Wasser und mitunter auch die Druckwellen für uns wahrnehmbar sind. Im folgenden Verlauf schlagen die Männchen mit der Schnauze aufs Wasser und erzeugen mit der Nase Luftblasen unter der Wasseroberfläche. Dabei krümmen sie ihren Körper in ganz bestimmter Weise, bewegen ihren Schwanz hin und her und sondern aus entsprechenden Drüsen eine moschusartige, ölige, auf der Wasseroberfläche schwimmende Substanz ab, um die »Krokodilin« zu betören. Lässt sie sich auf sein Werben ein, beginnt das Pärchen nun Zärtlichkeiten auszutauschen, was mehrere Stunden lang dauern kann. Die beiden streicheln sich gegenseitig über Schnauze und Rücken und reiben sich mit der öligen Substanz ein – ähnlich einem Massageöl. Sie versuchen sich zu besteigen und stoßen zärtliche Laute aus, soweit das bei Tieren, die praktisch nur aus Zähnen und Schuppen bestehen, überhaupt möglich ist. Wenn das Weibchen schließlich so weit ist, umschlingen sich die beiden im Wasser, um die Kloaken in Stellung zu bringen und endlich zur Sache zu kommen.

Manchmal kommt es innerhalb weniger Tage mehrfach zur Paarung. Genetische Tests zeigen jedoch, dass die »Krokodilinnen« untreue Gefährtinnen sind und die Eier einer Brut meist von verschiedenen Vätern befruchtet wurden. Allerdings sind Meereskrokodile sehr auf ihr Revier bedacht, und obwohl körperliche Auseinandersetzungen möglichst vermieden und Drohgebärden und Fauchen bevorzugt werden, kann die territoriale Verteidigung ziemlich erbittert sein. Wenn der Eindringling partout nicht verschwinden will, kommt es zur Gewaltanwendung in Form von Kopfstößen. Da der Kopf eines Krokodils in erster Linie aus hartem Knochen besteht, bricht er, die Zähne fallen heraus, und das Fleisch wird durch Bisse zerfetzt, bis einer der beiden Kämpfer das Revier verlässt. Für gewöhnlich umfasst dieses Revier den Aktionsraum etlicher Weibchen, die währenddessen ähnliche Freundlichkeiten miteinander austauschen. Nun muss das Männchen alles daransetzen, in das Revier des Weibchens vorzudringen, ohne es wütend zu machen.

Vögel: Evolutionisten, Künstler und Vergewaltiger

Die Balzstrategien von uns vertrauteren Wirbeltieren, wie etwa Vögeln, erscheinen uns im Vergleich zu den bisher betrachteten Verhaltensweisen von Fischen, Amphibien und Reptilien geradezu selbstverständlich. So wissen wir zum Beispiel alle, dass – abgesehen von wenigen Ausnahmen – männliche Vögel die Weibchen mit Gesang und ihrem bunten Federkleid umwerben. Alle auf Darwin folgenden großen Evolutionstheoretiker haben das Fortpflanzungsverhalten von Vögeln beobachtet und unter dem Gesichtspunkt der Evolution zu deuten versucht. Die entsprechenden, zunächst bei Tauben und Pfauen angestellten Beobachtungen haben zum Verständnis grundlegender und auf andere Arten übertragbarer Evolutionsmechanismen, wie etwa der sexuellen Selektion, beigetragen. So gesehen haben wir dem Balzverhalten der Vögel allesamt eine Menge zu verdanken.

Die einzelnen Entdeckungen anzuführen und die Rolle des Pfauenschwanzes oder die Bedeutung der unterschiedlichen Vogelstimmen und des bunten Gefieders zu diskutieren, würde jedoch den Rahmen dieses Buches sprengen: Das haben bereits andere in umfassender Weise erledigt. So ist beispielsweise der Grund für den Sexualdimorphismus, also für die unterschiedliche Färbung des Gefieders bei Männchen und Weibchen, vor allem in der sexuellen Selektion zu suchen, die übrigens in erster Linie der Wahl seitens des Weibchens geschuldet ist. Ein auffälliges, prächtiges Federkleid lockt Räuber an und macht es ihnen einfach, und nur die schlauesten und genetisch »besten« Männchen halten dieser Art von Selektionsdruck stand.

Ein buntes Federkleid hat außerdem in metabolischer Hinsicht seinen Preis, der den geleisteten Aufwand des Weibchens bei der Eiablage, der Ernährung und dem Aufziehen der Jungen wettmacht (der Sexualdimorphismus ist übrigens besonders bei den Arten ausgeprägt, bei denen das Männchen keinen Beitrag zur Brutpflege leistet). Darüber hinaus zeigt das Gefieder dem Weibchen den Gesundheitszustand des Männchens an. Ist es krank oder von Parasiten befallen, leuchten die Farben weniger. Das Weibchen wählt also den Partner anhand eines oder mehrerer ihm wichtig erscheinender Merkmale (melodischer Gesang, langer Schwanz, schillernde Farben etc.).

Das ist zusammengefasst die Lehre über Vögel, wie sie uns durch die »heiligen Schriften« der Evolutionstheorien bekannt ist. Dieses Erbe, das uns Charles Darwin und einige wenige ihm nachfolgende Persönlichkeiten hinterlassen haben, ist für uns von unschätzbarem Wert.

Doch wenn wir die Strategien und Verhaltensweisen von Vögeln während der Balz genauer betrachten, werden wir – wie die nachfolgenden Beispiele zeigen sollen – erkennen, dass sie noch wesentlich vielfältiger und komplexer sind als oben angedeutet. Letztendlich ist es so, dass Tiere die »heiligen Schriften« nicht lesen können und daher in gewisser Weise treiben, was ihnen gerade in den Sinn kommt.

Die Vergewaltiger

Die endemisch in Neuseeland beheimateten Hihis *(Notiomystis cincta)* legen ein klassisches, geradezu lehrbuchreifes Balzverhalten mit Gesang und buntem Gefieder des Männchens an den Tag. Sind sie einander zugetan, bauen Männchen und Weibchen ein Nest in einer Baumhöhle, und beide Elternteile kümmern sich um die Küken. Interessanterweise stammen jedoch etwa 35 Prozent der Jungen nicht von dem Männchen des Paares, sondern von einem der Nachbarn, sei es vom Milchmann, vom Klempner oder irgendeinem Burschen aus dem Viertel, egal ob Single oder seinerseits liiert. Dieses Merkmal teilen die Hihis übrigens mit unseren einheimischen Meisen.

Sie dürfen jedoch nicht glauben, das Hihiweibchen sei nymphoman veranlagt und würde sich wahllos jedem dahergelaufenen Liebhaber hingeben. Von sich aus wäre die Gute treu und tugendhaft, aber sobald sie auf Futtersuche in das Revier eines fremden Männchens gerät, nähert sich dieses, wirft sie zu Boden, dreht sie auf den Rücken und vergewaltigt sie regelrecht.

Ja, Sie haben richtig gelesen: Er dreht sie auf den Rücken. Hihis sind die einzigen Vögel weltweit, die sich wie Menschen vis-à-vis paaren können. Mit dem offiziellen Partner erfolgt die Paarung übrigens wie in der restlichen gefiederten Welt: Sie steht, er springt ihr auf den Rücken und nimmt sie von hinten. Da das Hihiweibchen jedoch sehr tugendhaft ist, schreit und sich wehrt, während es besagte ungewollte Paarungsversuche über sich ergehen lassen muss, ist es für das Männchen bequemer, sie rücklings am Boden festzuhalten, damit sie nicht davonfliegen kann.

Ohne die Sache allzu sehr vermenschlichen zu wollen, lässt sich festhalten, dass sie den in ihren Augen geeigneten Partner bereits erwählt hat und kein Bedürfnis verspürt, sich mit einem anderen Männchen zu paaren, das vielleicht weniger nützliche Gene an die Nachkommen weitergibt. Hihimännchen sind übrigens wesentlich größer und stärker als die entsprechenden Weibchen und haben leichtes Spiel, wenn es darum geht, mit einer zufälligen Geliebten das Kamasutra zu praktizieren. Was macht eigentlich der ursprüngliche Partner, während die eigene Partnerin vergewaltigt wird? Weit davon entfernt, Rache zu schwören und blutige Fehden über zukünftige Generationen hinweg anzuzetteln, ist er meist damit beschäftigt, sich seinerseits nach einem vorbeikommenden Weibchen umzusehen, das er vergewaltigen kann. Unter dem Stichwort »Schänder« müsste bei Wikipedia das Bild eines männlichen Hihis erscheinen.

In evolutionärer Hinsicht funktioniert dieses System allerdings und sorgt für größere genetische Vielfalt der Nachkommen eines Paares. In gewisser Weise dient es also auch dem Weibchen. Denn die mit den mütterlichen Genen ausgestatteten Jungen haben mehr Chancen, die Lotterie ums Überleben zu gewinnen. Das erklärt, weshalb Hihiweibchen niemals körpereigenes Pfefferspray zur Abwehr ihres Peinigers entwickelt haben und stattdessen lieber leiden.

Die Männchen haben ihrerseits eine Reihe von Mechanismen entwickelt, um sich die Vaterschaft möglichst vieler Jungtiere zu sichern. Vor allem sind ihre inneren Hoden im Vergleich zur Körpergröße unverhältnismäßig groß. Auf diese Weise wird die Spermienkonkurrenz befeuert, und die Chancen beim Wettstreit zwischen dem offiziellen und dem zufälligen Partner um die schnellste Form der Befruchtung steigen. Außerdem hat sich bei diesen Vögeln eine ganz spezielle Art von Penis herausgebildet, weshalb ihnen, wie wir noch sehen werden, in der Tat besondere Aufmerksamkeit gebührt.

Die Künstler

Gemäß David Attenborough legen die zur Ordnung der Sperlingsvögel gehörenden Laubenvögel wohl das bemerkenswerteste Balzverhalten von Vögeln an den Tag. Dabei handelt es sich um eine in Australien und Neuguinea beheimatete Familie mit dem schwer auszusprechenden lateinischen Namen *Ptilonorhynchidae*.

Attenborough beschreibt diese Vögel als regelrechte Künstler, Bildhauer und Maler. Die Männchen verwenden ihre Kreationen und gesammelten Schätze, um die Weibchen zu beeindrucken, und dieses Verhalten lässt sie innerhalb des Tierreiches – einmal abgesehen von uns Menschen – absolut einzigartig erscheinen. Auf seiner Reise an Bord der Beagle hatte auch Darwin die Gelegenheit, diese Vögel während eines Aufenthaltes in Australien zu beobachten. Zutiefst beeindruckt beschreibt er in späteren Aufzeichnungen die fein verzierten Konstruktionen der Laubenvögel als die außergewöhnlichsten und kunstvollsten Beispiele für von Vögeln geschaffene Bauten, die jemals entdeckt worden seien.

Was also tun diese Vögel so Bemerkenswertes? Zunächst sei angemerkt, dass diese Familie insgesamt 20 Arten umfasst. Sie folgen ausnahmslos einem gemeinsamen Grundschema, das jedoch den jeweils eigenen Bedürfnissen angepasst wird. Diese hängen sowohl vom jeweiligen Lebensraum als auch von dem starken Druck ab, den das Weibchen durch die sexuelle Selektion bei der Partnerwahl ausübt.

Die Weibchen paaren sich bei jeder Brut immer nur mit einem Partner und überlegen daher genau, wer der beste Vater für ihre Kinder ist. Die Männchen sind dagegen polygam, sie haben viele Weibchen. Und wie so oft in dieser ungerechten Welt bekommen einige mehr vom Kuchen ab und pflanzen sich mit vielen Weibchen fort, und andere kriegen weniger oder gar nichts ab, und sie bleiben Single. Entscheidend ist, das geeignete Mittel zu finden, um das Weibchen zu überzeugen.

Viele Laubenvögelarten legen einen mehr oder weniger auffälligen Sexualdimorphismus an den Tag, der von leuchtenden Farben wie gelb und rot bis hin zu einem schlichten, andersfarbigen Federchen auf dem Kopf reichen kann. Die Weibchen weisen indessen ausnahmslos Tarnfärbung auf. Gefieder und Gesang spielen bei der Balz eine, wenn auch marginale Rolle. Das eigentliche Merkmal, das diese Vögel auszeichnet, ist ihre einzigartige Fähigkeit, regelrechte Kunstgalerien zu errichten. Diese von den Engländern *bowers* genannten »Ausstellungsstätten« (*bower* in der Bedeutung von »Boudoir«, »Liebesnest« oder, wie man heutzutage weniger romantisch sagen würde, »Absteigequartier«) sind je nach Art sehr unterschiedlich gestaltet.

Einige Arten bauen Lauben in Form von »Alleen« (*avenue bowers)*: Auf flachem Grund werden aus vertikalen Zweigen zwei sich gegenüberstehende Wände mit einem dazwischen verlaufenden Gang errichtet. Meist endet dieser Gang auf einem Platz mit verschiedenen Dekorationselementen, die der »Künstler« dort für seine Installationen lagert.

Die »Maibaum-Lauben« (engl.: *maypole bowers,* die ihrer Form nach an die in manchen ländlichen Regionen noch heute vorkommenden Maibäume erinnern) bestehen aus einem dichten Flechtwerk aus Zweigen, das um einen dünnen Baumstamm oder Farnstängel herum konstruiert wird. Dieses Zweiggeflecht kann wie ein Weihnachtsbaum mit Schmuckelementen, etwa Raupenkot oder Beeren, dekoriert sein. Der »Weihnachtsbaum« ist von einem kreisförmigen, oft mit einem Mooswall eingefassten Platz umgeben.

Zwei Laubenvögelarten bauen auch ein großes, vorspringendes Dach über ihrer »Maibaum-Laube«, sodass ihrem Ausstellungsplatz eine überdachte kreisförmige Halle vorgelagert ist. Der Hallenboden ist mit einem weichen Moosteppich bedeckt. Doch damit nicht genug der architektonischen Besonderheiten. Der Säulengärtner (*Prionodura newtoniana*) dekoriert zum Beispiel dicht nebeneinanderliegende Bäumchen mit Zweigen und verbindet sie mit einem Querzweig, der als Ausstellungsfläche verwendet wird. Zwei weitere Arten grenzen zwar einen Raum ab, aber errichten keine Laube im eigentlichen Sinne. Die Männchen der einen Art legen einen Teppich aus Farn aus, den sie mit Muscheln und Steinen verzieren, und dekorieren die umstehenden Bäume mit Flechten. Die andere Art beschränkt sich darauf, einen bestimmten, zuvor gereinig-

---

Auf der gegenüberliegenden Seite: die Kunstgalerien der Laubenvögel. Oben: die »Hütte« des Hüttengärtners (*Amblyornis inornata*); Mitte: das »pfahlförmige« Nest des Gelbscheitelgärtners (*Amblyornis flavifrons*); unten: die »Allee«-Laube des Seidenlaubenvogels (*Ptilonorhynchus violaceus*) mit Weibchen (bei der Nestinspektion) und Männchen.

ten Bereich mit Blättern zu bedecken. Eine andere Art wiederum verkleidet die Innenwände ihrer »Allee-Laube« mit »Stuck« aus zerkauten Pflanzen.

Neben den Ausstellungsinnenflächen werden insbesondere auch die Außenflächen mit einer Unmenge an farbigen Objekten dekoriert. Manchmal findet nur eine, andere Male finden gleich mehrere Farben Verwendung. Der Westliche Laubenvogel *(Chlamydera guttata)* schmückt seine Allee-Laube beispielsweise mit ausschließlich weißen Gegenständen wie Steinchen, Schneckenhäusern und Knochen, während der Seidenlaubenvogel *(Ptilonorhynchus violaceus)* blaue Gegenstände bevorzugt. Passend zum dunkelblauen Gefieder und der leuchtend blauen Iris der Augen des Seidenlaubenmännchens. In einer Ecke häuft er zum Beispiel stapelweise Käferflügeldecken, in einer anderen Heidelbeeren, oder er ordnet gut sichtbar, weil selten, blaue Vogelfedern an. Auch menschliche Produkte wie Plastikflaschendeckel oder Glasstückchen verschmäht er nicht. Manchmal fügt er hier und dort grüne oder orange Farbnoten ein. Der Hüttenbauer *(Amblyornis inornata)*, der wie einige andere Arten ein Hüttendach über seiner Laube errichtet, hat ganz persönliche farbliche Vorlieben, und jedes Tier häuft Gegenstände von unterschiedlicher Farbe an. So mag der eine beispielsweise Stillleben aus roten Blüten und orangefarbenen Pilzen, während der Nachbar dunkle Farben bevorzugt und schwarze Käferflügeldecken in Kombination mit dunkelbraunem oder schwarzem Hirschkot sammelt. Die Anordnung der Objekte ist nicht zufällig, sondern dem geschuldet, was wir als »ästhetisches Empfinden«

der Laubenvögel bezeichnen könnten: Geraten die Objekte durcheinander, beeilt sich der Besitzer, sie wieder an ihren richtigen Platz zu schaffen.

Die Weibchen besuchen die Lauben, begutachten, untersuchen und bewerten sie. Am Ende treffen sie anhand der Laubenarchitektur, der Größe des Bauwerks, des Dekorationsreichtums sowie schließlich auch des männlichen Gefieders ihre Wahl. Laut der beiden Forscher Stephanie Doucet und Robert Montgomerie verrät die Qualität der Laube dem Weibchen die Anzahl vorhandener externer Parasiten, und das Federkleid spiegelt die Widerstandskraft gegen Infektionen und innere Parasiten wider. Beide Merkmale zeugen von der reproduktiven Fitness des Männchens. Doch während die Qualität des Federkleides zum klassischen Phänotyp im mendelschen Sinne, also zu einer Form der Genexpression zu rechnen ist, entspricht die Fähigkeit zum Laubenbau dem, was Dawkins als »erweiterten Phänotyp« bezeichnen würde. Vergleichbar mit dem Damm der Biber oder dem roten Cabriolet von Männern in der Midlifecrisis, mit denen die reproduktive Fitness beziehungsweise der soziale Status unter Beweis gestellt werden, ohne eindeutig an ein bestimmtes Gen gekoppelt zu sein.

Die Männchen geben wirklich alles, und sobald sie hören, dass sich ein Weibchen nähert, fangen sie obendrein noch an zu singen. Kommt die Angebetete in Reichweite und schenkt der Laube größere Aufmerksamkeit, beginnt er mit einem sowohl technisch als auch ästhetisch einwandfreien Balztanz, und nicht selten bietet er ihr seine kostbarsten Schätze als Hochzeitsgeschenk an. Wenn es zur Paarung kommt, bleibt das Weibchen nicht etwa in der Laube, sondern entfernt sich, baut sein eigenes Nest und führt von nun an ein Dasein als alleinerziehende Mutter. Das Männchen kümmert sich indessen weiter um seine Laube und die Anhäufung von Schätzen für das nächste Weibchen.

Entfernt sich ein erfolgreicher Laubenbesitzer auf der Suche nach Nahrung oder weiteren Schätzen von seinem Bauwerk, kommt es nicht selten vor, dass sich heimlich ein Nachbar heranschleicht, um wertvolle Objekte für seine eigene Laube zu entwenden. Manchmal betreiben die Nachbarn regelrechten Vandalismus, entfernen Zweige und bringen die Dekorationsgegenstände durcheinander, sodass die bis dahin stets prächtigere Laube des Nachbarn beim Weibchen nun weniger Eindruck hinterlässt. Diebstahl ist unter den Laubenvögeln derart weit verbreitet, dass diese Tiere in einer der Idiome der Nordaustralischen Aborigines als *Schwiegerväter* bezeichnet werden: In der entsprechenden Kultur ist es den Schwiegervätern gestattet, sich nach Belieben am Besitz der Schwiegersöhne zu vergreifen.

Säugetiere

Man könnte meinen, Säugetiere würden aufgrund ihrer vermeintlichen Intelligenz keine stereotypen Balzrituale an den Tag legen. Aber das ist ein gewaltiger Irrtum. Rituale spielen selbst bei den Arten eine Rolle, die sich – wie wir – nicht zum Tierreich zählen. Der Zweck des Rituals bleibt immer derselbe: Es soll gewährleisten, dass sich beide Seiten friedlich einander nähern und es gleichzeitig zur gegenseitigen Partnerwahl und somit zu sexueller Selektion kommen kann.

Ebenso wie andere Tiere, wenden auch die Säuger verschiedenste Strategien an, aber etwas unterscheidet sie grundlegend von Eidechsen und Vögeln: Die Attraktivität des Partners hat nichts mit seinen schillernden Farben zu tun. Säugetiere stammen nämlich von nachtaktiven, vor 150 Millionen Jahren lebenden Tieren ab.

Die Anpassung an das Nachtleben hatte Einfluss auf den Gesichtssinn dieser fernen Vorfahren. Sie behielten lediglich zwei der ursprünglich vier Farbrezeptoren (Zäpfchen) und reduzierten damit die Wahrnehmung auf Grün und Blau. Vögel und Reptilien verfügen nach wie vor über vier Fotorezeptoren für die Farbwahrnehmung und machen davon während der Balz umfangreichen Gebrauch. Die heutigen Säugetiere, darunter auch die erneut an das Nachtleben angepassten Arten, haben niemals das vollständige Farbsehvermögen zurückerlangt, und die meisten von ihnen haben einen eher gering ausgeprägten Sinn für Farbabstufungen. Einige nachtaktive Arten, wie zum Beispiel die Gambia-Riesenhamsterratte *(Cricetomys gambianus)*, haben ihre Fotorezeptoren fast vollständig verloren (doch bei keinem Säugetier ist das ganz und gar der Fall) und sehen nur noch Schwarz und Weiß. Andere Arten, etwa Wale und Seehunde, haben nur noch Fotorezeptoren für die Grün- und Blauwahrnehmung. Manche Primaten wie wir haben erneut einen Fotorezeptor für Rot entwickelt, der jedoch weniger genau in der Farbunterscheidung ist als bei den Vögeln. Einige wenige weibliche Vertreter des *Homo sapiens* – einer derart ausgeprägt tagaktiven Spezies, dass sie sogar elektrisches Licht erfunden hat – verfügen über einen vierten, für eine weitere Form von Rotlicht empfänglichen Fotorezeptor, der die Farben niedriger Wellenlänge etwas besser erkennen lässt.

Das Ganze läuft letztlich darauf hinaus, dass Säugetiere eher zu unauffälligen Tarnfarben neigen oder allenfalls auf Farbkontraste zur individuellen Kennzeichnung zurückgreifen, wie etwa Giraffen oder Zebras. Nur wenige (zu trichromatischem Sehen befähigte) Primaten nutzen Farben für die Balz. Ein Beispiel liefern die durch leuchtendes Rot oder Blau gekennzeichneten dominanten Männchen der Mandrills, wobei auch hier der Kontrast stärker ins Gewicht fällt als die Farbe an sich.

Nachdem das farbige Gewand also ausscheidet, bleiben den Säugetieren nur noch drei Mittel für die Balz: Gerüche, Größe beziehungsweise Gebärden sowie schließlich Intelligenz. Gerüche spielen bei vielen Arten mit ausgeprägtem Geruchssinn wie Hunden, Nagetieren und Unpaarhufern (Pferden, Zebras, Eseln, Tapiren und Nashörnern) eine große Rolle. Denn auch Säugetiere produzieren Pheromone, mit denen die Brunftzeit signalisiert wird und die es den Männchen erleichtern, ein Weibchen herumzukriegen.

Wir Menschen haben allerdings viele für den Geruchssinn zuständige Gene verloren, oder diese sind nicht länger funktional. Aus diesem Grund können wir Pheromone nicht mehr wahrnehmen und stellen sie vermutlich deshalb auch gar nicht mehr her. Dennoch sind wir nach wie vor in der Lage, einige Gerüche, die mit der Paarung einhergehen, wahrzunehmen. Das gilt in erster Linie für die Revier-markierungen Dritter, wie unser Interesse an moschusartigen Duftstoffen anderer Tiere beweist, deren Derivate die Grundsubstanz zahlreicher Parfüms bilden.

Ein klassisches Beispiel ist der von den Perianaldrüsen des männlichen Moschushirsches produzierte »echte Moschus«. Besagtes Tier, ein primitiver Paarhufer, ist aus dem oben genannten Grund vom Aussterben bedroht. Weitere tierische Komponenten für menschliche Parfüms sind das von den Perianaldrüsen des Bibers produzierte Bibergeil oder Castoreum sowie der von den Zibetkatzen stammende gleichnamige Zibet. Keine dieser Substanzen enthält Sexualpheromone, und die Drüsensekrete werden von ihren eigentlichen Besitzern in erster Linie für die Reviermarkierung verwendet. Es sei jedoch angemerkt, dass unsere Spezies nicht brünstig wird und auch unabhängig von der Fortpflanzung Geschlechtsverkehr hat, denn ebenso wie bei den Bonobos und den Schimpansen dient die Kopulation der Stärkung sozialer Beziehungen. In Ermangelung einer zu signalisierenden Brunstzeit sind chemische Signale daher unnötig.

Igel und Seeelefanten

Sobald die Empfänglichkeit des Weibchens sichergestellt ist, geht es (einmal abgesehen von den großen Anthropoiden) generell darum, es zu überzeugen. Viele Säugetiere ohne ausgeprägten Dimorphismus, wie Pferde, Igel oder Kaninchen, beschränken sich auf eine vorsichtige Annäherung und anschließende Verfolgung, die ein bisschen an das oben beschriebene Verhalten von Molchen und Schlangen erinnert.

Vor allem Igel müssen bei der Paarung »sehr aufpassen«, denn es ist nicht sicher, ob das Weibchen seine Stacheln anlegt, wenn es vom Männchen begattet wird. Es ist extreme Vorsicht geboten, denn der Bauch des Männchens ist weich und verletzlich. Männliche Pferde beißen die rossigen Stuten, um sie dazu zu bewegen, sich begatten zu lassen. Aber abgesehen von diesen besonderen Aufmerksamkeitsbekundungen folgen sie dem üblichen Schema polygamer, einen Harem versammelnder Tiere, für die es wichtiger ist, Hierarchien zwischen den männlichen Tieren herauszubilden, um Eindruck bei den Weibchen zu schinden, als diesen mit Blumensträußen zu schmeicheln.

In puncto Harem sind unter den Säugetieren die Seeelefanten besonders erwähnenswert. Bei ihnen spielt die Körpergröße eine wirklich entscheidende Rolle. Meist sind Säugetiermännchen ein bisschen größer als die Weibchen, und je weniger sie sich an der Brutpflege beteiligen und je strenger die sexuelle Selektion ist, desto größer sind sie. Bei den Seeelefanten der Südhalbkugel sind die Größenverhältnisse zwischen Männchen und Weibchen extrem: Die männlichen Tiere wiegen bis zu vier Tonnen, während die weiblichen Partner kaum 400 Kilogramm auf die Waage bringen. Die Männchen können also bis zu zehn Mal schwerer werden als die Weibchen, der Schnitt liegt allerdings bei fünf Mal. Damit gehen die Besonderheiten der Fortpflanzung und das wenig romantische Verhalten dieser Tiere einher.

Während der Paarungszeit erreichen zuerst die Männchen das Land und tragen untereinander wilde Revier- und Machtkämpfe aus. Dabei kommen Drohgebärden, lautes Trompeten mit dem Rüssel und, wenn das nicht genügt, sogar Wrestling unter Aufbietung des gesamten Körpergewichts sowie heftiges Beißen zum Einsatz. Da auf dem Strand nicht genug Platz für alle ist, entwickeln sich im Laufe der Paarungszeit immer heftigere Streitereien, und den Unterlegenen bleibt schließlich nichts anderes übrig, als das Weite zu suchen. Schätzungen zufolge schafft es nur ein Männchen von hundert, ein ausreichend großes Revier für einen Harem zu verteidigen.

Wenn die Weibchen kommen, die bereits vom letzten Mal trächtig sind und kurz vor dem Wurf stehen, gruppieren sie sich zu einem Harem von bis zu 50, in Extremfällen bis zu 100 Individuen pro dominantem Männchen. Die restlichen Männchen halten sich je nach sozialem Status in größerer oder kleinerer Entfernung vom Alphamännchen auf und warten darauf, dass dieses abgelenkt wird. Die Weibchen legen keinen Wert darauf, umworben zu werden, sondern wollen ausschließlich gute Gene für ihren Nachwuchs. Dafür sorgen die vor ihrer Ankunft ausgetragenen Kämpfe.

Solange es sich um ein Alphatier handelt, ist die Partnerin »zu allem bereit«. Nachdem die Weibchen ihre Jungen zur Welt gebracht und aufgezogen haben und bevor sie wieder im Wasser verschwinden, begattet das Alphamännchen den gesamten Harem ein- oder mehrmals, um den garantierten Nachwuchs im folgenden Jahr abzusichern. Die Fettleibigkeit ist für das Überleben übrigens auch insofern hilfreich, als die erwachsenen Tiere, solange sie an Land sind, keine Nahrung zu sich nehmen und allein von ihren Fettreserven zehren. Die Männchen verbringen ihre Zeit mit dem Verfolgen und Vertreiben der Rivalen sowie der Bewachung und Begattung der Weibchen, was auf die Dauer ganz schön anstrengend ist. Die Weibchen ihrerseits bringen einen ganzen Monat lang liegend, schlafend, sonnenbadend und die Jungen säugend zu. Problematisch ist nur die mangelnde Zärtlichkeit des Alphamännchens während der Kopulation, bei der er sein gesamtes Körpergewicht zum Einsatz bringt und das Seeelefantenweibchen ohne lange Umschweife in den Hals beißt, um sie am Boden festzuhalten und zu erledigen, was es zu erledigen gilt, ohne sie um Erlaubnis zu fragen. Doch das ist das kleinere Übel, denn in der Regel ist das Weibchen willig. Und wenn nicht, so ist es ihr Problem, denn er wiegt zehn Mal mehr, und sie hätte sich eher überlegen sollen, so aufreizend herumzulaufen oder ausgerechnet an diesem Strand an Land zu gehen.

Wenn das Weibchen nach dieser »freundlichen« Behandlung so weit ist, den Gefährten und ihr inzwischen großgezogenes Junges zu verlassen, um ins Meer zurückzukehren, befinden sich zwischen ihr und der Freiheit all die anderen, bis dahin außen vor gebliebenen und in diesem Augenblick ziemlich geilen männlichen Tiere. Scharen von Seeelefantenmännchen buhlen nun um das Weibchen, das nicht mehr unter dem Schutz des Alphatiers steht. Sie verfolgen es und lassen nichts unversucht, sich mit ihm zu paaren, ob die Ärmste nun will oder nicht. Diese erzwungenen Kopulationen können auf dem Strand oder im Wasser erfolgen. Die Verfolgungsjagden erstrecken sich bis zu einem halben Kilometer, und manchmal enden sie sogar mit dem Tod des Weibchens. Nach einer solchen Zwangspaarung streiten sich die Männchen für gewöhnlich darum, wer als Nächstes dran ist, wodurch das Weibchen ein paar Meter Vorsprung in Richtung Meer gewinnt, und wenn es dem Sieger dieses Kampfes nicht erneut zum Opfer fällt, erreicht es schließlich das Wasser und kann endlich fliehen.

Zur »Vergewaltigung mit Todesfolge« kommt es bei diesen Tieren in einem von tausend Fällen. Die Quote der Frauenmorde in Italien liegt deutlich höher. Wir Menschen gehören also nicht einmal innerhalb der Statistik der Großsäuger zu den sonderlich friedliebenden Arten. Dummerweise halten wir uns trotz allem für intelligenter als Seeelefanten.

Satyrn der Meere

Apropos Vergewaltigung und Intelligenz: Die ach so sympathischen Delfine mit ihrem dauernden altklugen Lächeln im Gesicht sind möglicherweise sogar die Allerschlimmsten. Schlimmer noch als wir. Die Sozialstrukturen der verschiedenen Delfinarten sind sehr komplex und entsprechen Tieren von hoher Intelligenz, was die Interaktion zwischen den beiden Geschlechtern schwierig und konfliktreich gestaltet.

Die Weibchen leben teils allein, teils schließen sie sich zu relativ großen Schwärmen oder zu kleinen, nur aus Weibchen bestehenden Gruppen zusammen, oder sie tun sich mit einem, manchmal auch mit mehreren Männchen zusammen. Die sozialen Strukturen sind sehr vielschichtig, häufig kommt es zwischen den einzelnen Gruppen zu Höflichkeitsbesuchen, und je nach Art kann ein Weibchen im Lauf seines Lebens alle oder einen Teil der verschiedenen Formen des Zusammenschlusses ausprobieren. Die Männchen leben bisweilen in größeren Schwärmen zusammen, etwa bei Arten wie dem Großen Tümmler. Sie vereinen sich aber auch oft zu kleineren Gruppen aus zwei bis drei, höchstens vier engen Freunden, mit denen sie manchmal ein ganzes Leben lang zusammenbleiben.

Das Paarungsverhalten der Tümmler ist höchst interessant, zugleich auch ziemlich abstoßend. Einige Studien belegen, dass die Chancen auf Vaterschaft steigen, je mehr Männchen in einer Gruppe vereint sind. Doch je größer eine »Männergruppe« von Delfinen ist, desto wahrscheinlicher kommt es untereinander – ähnlich wie bei Rockstars – zu Streitigkeiten. Man konnte zum Beispiel nachweisen, dass eine ungewöhnlicherweise aus vier Männchen bestehende, von den Forschern »Beatles« genannte Tümmler-Gruppe in puncto Fortpflanzung in ihrem Umfeld besonders erfolgreich war.

Ebenso wie für Menschenaffen ist Geschlechtsverkehr für Delfine ein Mittel der sozialen Interaktion und nicht nur ein Teilaspekt der Reproduktion. Wie bei den Menschen lassen sich die Weibchen selten auf den Erstbesten ein, da sie die Last der Brutpflege auf sich nehmen und genau abwägen müssen, ob sich die Sache lohnt. Folglich sind die Tümmlerweibchen nicht immer bereit, mit irgendeinem männlichen Vertreter Verkehr zu haben, »nur weil seine Melone[12] so interessant aussieht und er so nett lächelt. Lächelt er nicht eigentlich immer so?«. Um unbehelligt zu bleiben, schließen sich die Weibchen zu kleinen Gruppen zusammen oder lassen sich vom Männchen ihrer Wahl begleiten. Aber es kommt auch vor, dass eine skrupellose Männchengang die kleine Gruppe überfällt und das auserkorene Opfer regelrecht »entführt«. Dabei umringen die Männchen die Entführte und springen in perfektem Gleichtakt um sie herum, um sie gewogen zu stimmen (»Schau nur, wie stark ich bin, Mädel.«). Lässt sie sich davon nicht beeindrucken und will zurück nach Hause, verschwört sich die Gang gegen sie, fängt an, sie zu beißen, stößt sie mit dem ganzen Körper hin und her und schlägt sie lautstark und brutal mit den Flossen, um sie auf diese Weise umzustimmen und an der Flucht zu hindern.

Je hartnäckiger die Gangmitglieder sind, desto schwieriger ist es natürlich für das Weibchen zu entkommen. Manchmal verbünden sich sogar zwei Delfingruppen gegen eine dritte bei einer Entführung… Der Bündnispartner unterstützt die Tat und hilft bei der Entführung, ohne sich an der »Schändung« des Weibchens zu beteiligen. Vielmehr wartet er darauf, dass die erwiesene Gunst eines Tages erwidert wird. Wenn nicht, kann es passieren, dass er sich mit dem einstigen Rivalen gegen die erste Gruppe verbündet.

---

12 Die Melone ist das an der Stirn von Walen befindliche Fettgewebe, mit dessen Hilfe diese Tiere unter anderem die zur Echolotung dienenden Laute hervorbringen. Das Ganze hat also nichts mit Hüten oder mit Obst zu tun.

Je nach den gerade anstehenden Bedürfnissen kommt es immer wieder zu wechselnden Bündniskonstellationen – schlimmer als in jeder Seifenoper. Gelegentlich brechen ganze Gruppen von Weibchen auf, um zu versuchen, eine entführte Gefährtin zu befreien. Doch es kann auch passieren, dass die Entführte wegen eines persönlichen Vorteils beschließt, bei ihren Kidnappern zu bleiben und gemeinsame Sache mit ihnen zu machen. Da sich Delfine Bauch an Bauch paaren wie die Menschen, im Unterschied zu diesen jedoch keine Möglichkeit haben, die Partnerin festzuhalten, lässt sich schwer sagen, ob und inwieweit die Weibchen bei solch erzwungenen Kopulationen mitspielen. Insbesondere wenn man bedenkt, dass Delfine, ebenso wie die höheren Primaten, kontinuierlich Geschlechtsverkehr haben, um soziale Bindungen zu festigen. Indes erinnert ihr Verhalten eher an die aggressiven Schimpansen als an die friedlichen Bonobos. Alles in allem sind sie dennoch weitaus weniger gewalttätig und zerstörerisch als unsereins.

Ein Abstecher in die Vergangenheit

Wie machten es eigentlich die Dinos? Wir dürfen nämlich nicht vergessen, dass auch Dinosaurier zu den Wirbeltieren gehören. Sie haben ein bisschen was vom Säugetier und ein bisschen was vom Reptil. Die Bezeichnung *Dinosaurier* umfasst etliche in Größe, Form, Verhaltensweisen und Lebensraum sehr unterschiedliche Tiere. Deshalb gibt es auch keine eindeutige Antwort. Problematisch ist darüber hinaus, dass sich von fossilen Skelettfunden schwerlich auf das Verhalten der Tiere schließen lässt. Die Tatsache, dass sie allesamt ovipar waren, hilft uns hier nicht viel weiter.

Zum Glück sind nicht alle Dinosaurier ausgestorben, denn aus phylogenetischer Sicht gelten Vögel als Dinosaurier. Genauere Beobachtungen lassen vermuten, dass auch die gefiederten *Theropoda* fleischfressende Zweibeiner waren und für die Balz auf buntes Gefieder und Gesang zurückgriffen wie unsere heutigen Vögel. Wir wissen nicht, ob sie wie Buchfinken zwitscherten, vielleicht ähnelte ihr Verhalten eher dem von Schwänen als dem von Kanarienvögeln, aber zumindest haben wir irgendeine Vorstellung. Schwieriger wird es, sich auszumalen, wie *Tyrannosaurus Rex* fröhlich zwitschernd durch die Gegend hüpft, um die Weibchen mit seiner Farbenpracht zu beeindrucken. Für wahrscheinlicher halte ich die Bildung von Leks, in denen die Männchen nach Körpergröße oder durch Kampfrituale miteinander wetteiferten, während die Weibchen zuschauten und anschließend ihre Wahl trafen. Noch komplizierter wird es, sich zwei annähernd 10 Tonnen schwere und 33 Meter lange *Diplodoken* bei der Balz vorzustellen. Wir haben keinerlei Anhaltspunkte, welche Rituale diese Giganten bei ihrer Begegnung vollzogen, aber man vermutet, dass sie, ähnlich wie Schwäne, ihre langen Hälse tanzen ließen. Die Hörner und Schilde der *Triceratopse* könnten dagegen, vergleichbar mit Ziegen, bei Kampfritualen zur Herausbildung von Hierarchien zum Einsatz gekommen sein. Doch mangels wissenschaftlicher Belege ist es wohl klüger, sich nicht in weiteren Spekulationen zu verlieren.

Zur Anatomie des Geschlechtsakts:
Die Fortpflanzungsorgane der Wirbeltiere

Da die innere Befruchtung für die Sicherstellung der Vaterschaft und für die Weitergabe der eigenen Gene von großer Bedeutung ist, scheint sich die Evolution in diesem Bereich besonders ins Zeug gelegt zu haben. Die Geschlechtsorgane haben sich im Lauf der Evolution vielfach auf eigenständige Weise weiterentwickelt, sodass ein weitgefächertes Spektrum an Größen und Formen sowie eine unglaubliche Bandbreite an verschiedenen Anpassungsweisen entstanden ist. Ich würde mich daher freuen, wenn dieses Kapitel weniger aus dem Blickwinkel des tierliebenden Voyeurs gelesen würde, sondern vielmehr aus dem eines Evolutionstheoretikers, der angesichts der ungeheuren Fantasie der Natur noch immer zu staunen vermag.

Vorab muss der in diesem Kapitel oft verwendete Begriff der *Kloake* geklärt werden, der für die Beschreibung der äußeren Geschlechtsorgane entscheidend ist. Manch einer wird dabei im ersten Moment an stinkende, überirdische Abwasserkanäle in den Elendsvierteln von Großstädten denken, aber Biologen verwenden ihn zur Bezeichnung einer Kammer hinter jener Körperöffnung, in der bei fast allen Wirbeltieren (mit Ausnahme der Säuger) Fortpflanzungsapparat, Harnleiter und Verdauungsapparat münden.

Durch die Kloake gelangen also sowohl Urin und Fäkalien als auch Spermien und Eizellen.

Eine Innovation der Säugetiere (ausschließlich der Kloakentiere) war die Entwicklung jeweils separater Öffnungen für die verschiedenen Apparate, um so zumindest für die Weibchen das Risiko bakterieller Infektionen zu vermindern. Bedenkt man, dass allein zur Spezies Mensch inzwischen sieben Milliarden Individuen zählen, scheint die Idee zumindest in einigen Fällen gut zu funktionieren.

Manche mögen's äußerlich

Unter den Wirbeltieren sind Fische offen gestanden nicht gerade für ihre Liebeskünste bekannt. Wie wir gesehen haben, befruchtet das Männchen nach der Balz die vom Weibchen abgelegten Eier (Rogen) in der Regel äußerlich, wobei das Wasser den Spermien als Transportmittel dient und die Vaterschaft eher durch Verhaltensstrategien als durch anatomische Besonderheiten gesichert wird. Dieses System ist insofern von Nachteil, als es weder die Schwierigkeiten des Auffindens und Umwerbens eines Partners noch die Gefahr der Einmischung eines weiteren, seine eigenen Spermien beisteuernden Männchens umgeht. Außerdem erfordert es die verschwenderische Produktion einer großen Zahl von Geschlechtszellen. Zumindest räumt es das grundlegende Problem aus dem Weg, das Weibchen dazu zu bewegen, während des schwierigen, durch die Strömung des Wassers zusätzlich erschwerten »Tankmanövers im Flug« stillzuhalten (im Abschnitt *Fantasien der Knochenfische* im Zusammenhang mit den Seepferdchen beschrieben). Besagtes System eignet sich für alle, die auf die sogenannte *r-Strategie* zurückgreifen, bei der möglichst viele Eier befruchtet werden und man für das Überleben der eigenen Gene auf eine große Zahl setzt. Wenn aber die Weibchen ihre Jungen lebend zur Welt bringen und die wenigen Embryonen im eigenen Körper heranwachsen lassen, um sie zu schützen und zu ernähren, sind die Männchen dazu gezwungen, einen Penis zu entwickeln, wenn sie sich nicht dem Zufall anvertrauen und die Vaterschaft der Jungen sichern wollen. Das ist unabhängig voneinander bei zahlreichen Fischen geschehen, wobei das leidige Problem, an welcher Stelle des Körpers die Übertragungsleitung für das Sperma gebildet werden soll, stets auf die gleiche Weise gelöst wurde: zwischen den Flossen, aus denen sich bei uns die Beine entwickelt haben.

Der doppelte Penis der Haie

Alle Knorpelfische *(Chondrichthyes)* wie etwa Haie und Rochen haben ein penisartiges Begattungsorgan, aber nicht alle Arten bringen ihre Jungen lebend zur Welt. Das heißt, nicht alle sind vivipar. Phylogenetische und paläontologische Belege zeigen, dass der gemeinsame Vorfahr der Knorpelfische vivipar war und beispielsweise Rochen erst zu einem späteren Zeitpunkt wieder ovipar, also eierlegend, geworden sind. Die nützliche Erfindung des Penis wurde trotzdem beibehalten.

Genauer gesagt haben alle Knorpelfische sogar zwei Hemipenisse oder Klaspern – in der Fachsprache *Pterygopodium* oder *Gonopodium* genannt –, die beim erwachsenen Tier aufgrund von Kalkablagerungen dauerhaft steif sind. An der Innenseite jedes Klaspers befindet sich eine Rille, in der das Sperma fließt. Die aus dem Englischen *clasper* (»Klammer«) abgeleitete Bezeichnung ist übrigens insofern irreführend, als das Organ nicht dazu dient, das Weibchen während der Begattung festzuhalten. Wie wir gesehen haben, halten zum Beispiel die Haie ihre Weibchen fest, indem sie die Brustflossen der Ärmsten mit den Zähnen packen. Die Chimären oder Seekatzen, eine eierlegende Ordnung, die sich bereits frühzeitig von den Haien abgespalten hat, verfügt dagegen über einen weiteren, einziehbaren Klasper am Kopf. Unklar ist, ob er zum Festhalten der Weibchen dient. Die Bezeichnung Chimäre stammt jedenfalls nicht von ungefähr, denn auch etliche männliche Vertreter der Spezies Mensch scheinen nichts anderes als ihren »Klasper« im Kopf zu haben. Hier liegt offenbar ein Fall von konvergenter Evolution vor.

Dass Knorpelfische gleich zwei Hemipenisse haben, liegt daran, dass diese sich aus den Bauchflossen entwickelt haben. Entsprechend sind sie mit einem inneren, aus den Knorpelstrahlen der Flossen entstandenen Stützskelett sowie einer speziellen Muskulatur versehen. Normalerweise wird nur einer der beiden Hemipenisse verwendet. Wenn beispielsweise das Männchen die rechte Brustflosse des Weibchens mit den Zähnen packt, befindet sich dieses links von ihm. Durch eine leichte Drehung des Unterleibes

Zwei im Indopazifik beheimatete Weißspitzen-Riffhaie (*Triaenodon obesus*) bei der Paarung.

gelangt das Männchen in die richtige Position, um durch leichtes Vorbeugen seinen rechten Klasper in ihre Kloake einzuführen. Bei kleineren Arten windet er sich zu diesem Zweck um ihren Körper, bei größeren Tieren erfolgt die Begattung mehr oder weniger in Parallelstellung der beiden Körper. Ich weiß schon, das klingt ein bisschen nach Hai-Kamasutra. Nach meiner Erfahrung lässt sich der Mechanismus nur richtig verstehen, wenn man selbst in die Rolle eines verliebten Haies schlüpft und das Ganze mit einem anderen Menschen ausprobiert (wobei Sie dem anderen nicht zu fest in den rechten Arm beißen sollten, da kein weiterer Hai zur Verfügung steht, der ihn am linken Arm hält).

Auf weitergehende Versuche sollte man sich jedoch nicht unbedingt einlassen. Die Enden der Klaspern sind mit einer *Rhipidion* genannten Struktur versehen, mit der sie sich in der Kloake des Weibchens verankern lassen. Das Rhipidion kann die Form eines Stachels oder Hakens haben, womit das Ganze zu einer regelrechten Sadomaso-Beziehung wird. Bei manchen Arten ähnelt es eher einem Schirm, der im richtigen Moment aufspringt. Um die eigenen Spermien in die Kloake zu pumpen und vermutlich auch, um die des Vorgängers herauszuspülen, haben manche Fische am Klasperansatz unter der Haut zwei ampullenartige Säckchen aus Muskelgewebe, mit denen sie durch eine Öffnung Meereswasser anzapfen können. Während der Begattung wird durch die plötzliche Muskelkontraktion der Säckchen unter hohem Druck Meerwasser zusammen mit dem in dem Klasperkanal befindlichen Sperma in die weiblichen

Genitalwege gepumpt. Das Meerwasser spült die Spermien der Rivalen fort, sodass theoretisch nur noch die Spermien des gerade begattenden Männchens in den Genitalwegen des Weibchens zurückbleiben. Sie werden von zwei im Körperinneren befindlichen Hoden gebildet und bis zum Koitus im Samenleiter aufbewahrt. Manchmal kommt es auch, wie bei den Blauhaien, zur Bildung von Spermatophoren. Sobald die Spermien in die beiden (bei manchen Arten auch nur in einen) Eileiter des Weibchens gelangen, werden sie in der sogenannten Nidamental- oder Schalendrüse rund einen Monat lang gespeichert, bis dort schließlich die Befruchtung erfolgt. Bei oviparen Arten werden in der Schalendrüse darüber hinaus jene typischen knorpelartigen Kapseln gebildet, mit denen die Knorpelfischembryonen schützend umschlossen sind und die man häufig bei einem Spaziergang am Strand findet. Die Engländer haben dafür übrigens die romantische Bezeichnung *mermaid's purse* (dt.: »Nixentasche«) erfunden.

Die Exhibitionisten

Die zweite Gruppe der überreichlich (oder im Gegensatz zu den anderen zumindest irgendwie) ausgestatteten Fische besteht aus der zu den Zahnkärpflingen zählenden Familie der *Poeciliidae*, die unter anderem die in Süß- und Warmwasser beheimateten, bei Aquarienfreunden sehr beliebten Guppys, Platys und Black Mollys sowie die zur Mückenbekämpfung eingesetzten Gambusen umfasst. Alle amerikanischen *Poeciliidae* sind vivipar (die Mutter versorgt die Embryonen im Eileiter sogar mit Nahrung wie bei den Säugetieren), und die Befruchtung erfolgt innerlich, während alle afrikanischen Arten ovipar sind und auf äußere Befruchtung zurückgreifen. Bei diesen Fischen verändert sich die Analflosse im Lauf der Geschlechtsreife. Der dritte, vierte und fünfte Strahl verlängert sich stark, die anderen werden wiederum kürzer, und es bildet sich das sogenannte *Gonopodium*, eine röhrenförmige Struktur mit der Funktion eines Penis, die mit dem Samenleiter und den im Hoden gebildeten Samen verbunden ist.

Mir hat es immer Spaß bereitet, die Guppys in meinem Aquarium zu beobachten, denn diese Tiere sind buchstäbliche »Exhibitionisten«. Fehlt nur noch der Trenchcoat: Sobald ein Weibchen vorbeikommt, wird das *Gonopodium* aufgestellt und nach vorn oder seitlich auf das Weibchen gerichtet. Die Haken am Ende sorgen auch bei Strömung für festen Halt, sodass nun das Sperma übertragen werden kann. Zu diesem Zweck braucht das Weibchen nur ein paar Sekunden neben dem Männchen zu verharren. Zum Ausgleich für die kurze Dauer kann das Gonopodium eine Länge bis zur Hälfte der Gesamtkörperlänge der *Poeciliidae* erreichen.

Auch die zu den Familien der *Anablepidae,* der *Goodeidae* (Hochland- oder Zwischenkärpflinge) und der *Cottidae* (Groppen) gehörenden Arten sind mit einem als Penis fungierenden Gonopodium ausgestattet, das sich scheinbar jeweils unabhängig voneinander aus der Analflosse gebildet hat. Offensichtlich bringt die Notwendigkeit neue Organe hervor.

Die romantischeren, aber weniger praktisch veranlagten afrikanischen *Poeciliidae* benutzen das Gonopodium dagegen als Fächer, um dem Weibchen die Spermien zuzufächeln.

Wenn der Schwanz kein Schwanz ist

Auch unter Amphibien herrscht keine Einigkeit über die wirksamste Befruchtungsmethode: Die meisten Froschlurche greifen auf äußere Befruchtung zurück, während Schwanzlurche die indirekte innere Befruchtung mittels Spermatophoren und Schleichenlurche die innere Befruchtung bevorzugen.

Schwänze und innige Umarmungen

Bei den Froschlurchen besteht die wildeste Form der Begattung im Höchstfall aus einer etwas länger anhaltenden Berührung der männlichen und der weiblichen Kloake. Einzige Ausnahme bildet eine in Nordamerika beheimatete, sehr primitive und nur zwei Arten (*Ascaphus montanus* und *Ascaphus truei)* umfassende Froschfamilie: die sogenannten *Schwanzfrösche.* Der Schwanz dieser Tiere ist aber gar kein Schwanz, sondern vielmehr ein Fortsatz der Kloake, der als Begattungsorgan für die innere Befruchtung dient: ein kluger Schachzug, wenn man bedenkt, dass Schwanzfrösche in schnell fließenden Gewässern leben und die Eier fortgespült werden könnten.

Folglich haben weibliche Schwanzfrösche keine Schwänze, und der »Schwanz« der Männchen hat sich auch in diesem Fall unabhängig von anderen Arten aus der permanent ausgestülpten Kloake entwickelt. Dieses ungewöhnliche Organ wird von Muskeln gehalten und besteht aus Knorpel sowie aus Blutgefäßen, die sich das Männchen aus dem Kaulquappenstadium bewahrt.

Vor der Begattung schwillt die ausgestülpte Kloake ähnlich wie bei den Säugetieren an. Sie bildet eine Furche für das Sperma und richtet sich ventral auf, um in die Kloake des Weibchens eindringen zu können. In Ruhestellung zeigt sie dagegen wie ein Schwanz nach hinten. Bei der Begattung umklammert das Männchen das Weibchen in Höhe des Beckens *(Amplexus inguinalis)*, ein Merkmal, das wohl durch ferne »schwanzlose« Verwandte vererbt wurde. Jedenfalls ist diese Stellung deutlich praktischer als eine Umarmung auf Achselhöhe *(Amplexus axillaris)*. Wissenschaftler haben für die gleichzeitig erfolgende Umklammerung *(Amplexus)* und Begattung *(Copula)* bei Schwanzfröschen den Begriff *Copulexus* geprägt. Bei diesem Akt drückt sich das Männchen teils mit den Hinterbeinen ab, um die Beckenstöße zu unterstützen. Es liegt auf der Hand, dass Schwanzfrösche, die als einzige Froschlurche auf innere Befruchtung zurückgreifen, dieses Faktum weidlich und mit anhaltender Begeisterung ausnutzen. So kann der Copulexus tatsächlich bis zu drei Tagen andauern. Sobald die Spermien in den weiblichen Eileiter gelangt sind, werden sie in eigens dafür vorgesehenen Kanälen eingelagert und können lange Zeit aufbewahrt werden.

Schleichenlurche und Phallodea

Eine weitere Amphibiengruppe »mit Schwanz« sind die sogenannten Schleichenlurche, die neben den Frosch- und den Schwanzlurchen eine dritte Ordnung innerhalb der Amphibien bilden. Sie leben überwiegend unterirdisch und haben ihre Gliedmaßen verloren. Zum Ausgleich für diesen Verlust haben sie interessante Begattungsorgane und ebenso interessante Formen der Viviparie entwickelt. Das männliche Begattungsorgan heißt hier *Phallodeum* und besteht aus dem Endstück der ausgestülpten und am Ende der Paarung durch spezielle Muskeln wieder eingezogenen Kloake. Es handelt sich um ein hoch spezialisiertes Organ, das komplexer ist als bei manchen Vogelarten, deren Begattungsorgan ebenfalls durch die Kloake gebildet wird. Das Aussehen des Phallodeums schwankt von Art zu Art. Die Oberfläche ist stark gefurcht, dazu mit reliefartigen Strukturen »verziert« und bei manchen afrikanischen Schleichenlurchen sogar mit Stacheln versehen. Die weibliche Kloake unterscheidet sich bei den verschiedenen Arten offenbar kaum. Das Phallodeum zeichnet sich je nach Art durch so charakteristische Merkmale aus, dass es in der Taxonomie zur Identifikation der Tiere verwendet wird. Die Begattung kann bei Schleichenlurchen bis zu mehreren Stunden dauern. Die zum Ausstülpen und zur Erektion des *Phallodeums* dienenden Muskeln müssen also entsprechend kräftig sein, und auch die übrige Körpermuskulatur kommt dabei zum Einsatz.

Außerdem gibt es die sogenannte Müller'sche Drüse

Schwanzfrösche *(Ascaphus truei)* bei der Paarung.

(vergleichbar mit der menschlichen Prostata), deren Sekret reich an Fruktose, Mucopolysaccharide und Phosphaten ist und das geeignete Medium für die Spermien bildet. Verglichen mit den Schwanzlurchen, die sich ziemlich anstrengen müssen, um ihre Spermatophoren zu übergeben, oder im Vergleich zu den Froschlurchen, die zur Sicherung der Vaterschaft bei der ohnehin heiklen äußeren Befruchtung auf eine Vielzahl an Tricks zurückgreifen, führen die Schleichenlurche ein recht unbeschwertes, aber trotz allem nicht weniger intensives Sexualleben.

Zur Strafe für die ausschweifenden und lang anhaltenden Kopulationen müssen sich Schleichenluche gleich mit zwei Arten von Saugwürmern (*Trematoda*) herumärgern, die als Parasiten das *Phallodeum* befallen. Dafür bringen ihre sexuellen Gewohnheiten zumindest ein wenig Abwechslung in die langen dunklen Tage unter der Erde.

Fifty Shades of Green

Auf den vorangehenden Seiten haben wir unter die Lupe genommen, zu welchen Formen der inneren Befruchtung die Evolution bei Haien, Zahnkärpflingen, Schwanzfröschen und Schleichenlurchen geführt hat, die als einzige nicht zu den Amnioten zählende Wirbeltiere allesamt über ein funktionell ähnlich strukturiertes Organ wie den Säugetierpenis verfügen. Nun soll es um die erstaunlichen evolutionären Anpassungen von Amnioten, also von Landwirbeltieren wie den Reptilien, Vögeln und Säugern, gehen.

Die Fortpflanzungsorgane aller Amnioten weisen eine unglaubliche strukturelle Ähnlichkeit auf: Es sind unscheinbare Fleischzylinder (die Herren der Schöpfung mögen mir dieses Adjektiv nicht übel nehmen, wir Menschen bilden eine bemerkenswerte Ausnahme). Das in diesem Zylinder verlaufende Gefäßsystem füllt sich vor der Begattung mit Flüssigkeit, wodurch Größe und Festigkeit verändert werden. Obwohl es manch andere geeignete Formen für die innere Befruchtung gibt, überrascht es dennoch, dass eine einzige Form bei praktisch allen Arten vorherrscht: natürliche Selektion und konvergente Evolution zwischen den Beinen.

Die Fortpflanzungsorgane von Reptilien[13] bergen Überraschungen, die man von diesen trägen und uns scheinbar so unähnlichen Tieren nicht erwarten würde. Vorab sei angemerkt, dass die Befruchtung bei allen Reptilien innerlich erfolgt. Allerdings kommen dabei unterschiedliche Methoden zum Zuge, anhand derer sie sich in drei Hauptgruppen unterteilen lassen. Diese Unterteilung trägt jedoch nicht den kladistischen (verwandtschaftlichen) Beziehungen, sondern allein den anatomischen Besonderheiten der Fortpflanzungsorgane Rechnung.

1) Die *Sphenodontia* oder Brückenechsen pflanzen sich durch Berührung der weiblichen und der männlichen

---

13 Es sei daran erinnert, dass sich hinter dieser Bezeichnung ein Sammelsurium von in unterschiedlicher Weise miteinander verwandten Gruppen verbirgt. So sind beispielsweise Krokodile enger mit Vögeln als mit Eidechsen verwandt, da sie sich aus einem Seitenzweig der Archosaurier, der Vorfahren von Dinosauriern und Vögeln, entwickelt haben.

Kloake (»Kloakenkuss«) fort, da diese bedauernswerten Tiere im Lauf der Evolution ihre Kopulationsorgane verloren haben und somit das traurige Schicksal der Froschlurche, zahlreicher Vögel und wer weiß wie vieler Dinosaurier teilen müssen. Vielleicht haben sie diese Organe aber auch gar nicht verloren, sondern sie nie von den gemeinsamen Vorfahren der Reptilien geerbt. Wegen dieses anatomischen Mangels bleiben die Brückenechsen allerdings für den Rest des Kapitels unerwähnt.

2) Krokodile und Schildkröten haben einen einzigen Penis, der an der Ventralwand der Kloake entspringt.

3) Schuppenkriechtiere (Echsen und Schlangen) haben zwei Hemipenisse, die aus den Lateralwänden der Kloake entspringen.

Einerseits sind all diese Strukturen sehr ähnlich und finden sich bei sehr vielen Amnioten, was an einen gemeinsamen Vorfahren mit Penis denken lässt, der später in einigen Kladen verloren gegangen ist. Andererseits ist ihr embryonaler Ursprung unterschiedlich, was jeweils unabhängige evolutionäre Entwicklungslinien vermuten lässt. Derzeit neigt man eher zu letzterer Annahme, der zufolge sich der Penis bei all diesen Tieren unabhängig voneinander entwickelt hat und die Ähnlichkeit nichts weiter als eine erstaunliche Analogie darstellt.

Krokodile und andere Erektionskünstler

Der Penis von Krokodilen und seinen Verwandten wie den Gavialen und Alligatoren weist rein äußerlich starke Ähnlichkeit zu dem des Menschen auf. Er ist jedoch entschieden kleiner, an den Seiten ein wenig zusammengedrückt und mit einem kegelstumpfförmigen, an die menschliche Eichel erinnernden, am Ende jedoch etwas spitzer zulaufenden Teil versehen. Die vermeintliche Ähnlichkeit ist derart groß, dass sie den Kandidaten im *Dschungelcamp* als Mahlzeit vorgesetzt werden, um sie auf die Probe zu stellen. Dazu spare ich mir jeden Kommentar.

Bei genauerem Hinsehen wird deutlich, dass die Ähnlichkeiten rein äußerlich sind. Vor allem ist das Begattungsorgan der männlichen Krokodile ständig erigiert. Das ist keine große Kunst, wenn man bedenkt, wie klein das Ding im Verhältnis zum restlichen Körper ist: sieben bis neun Zentimeter bei einem Tier von drei bis vier Metern Länge. Aus unserer Perspektive der zu Hypertrophie neigenden Primaten scheint das natürlich lächerlich, aber für die »Krokodilin« ist es perfekt. Normalerweise ist der Penis wie bei vielen anderen Wirbeltieren in der Kloake versteckt. Im Unterschied zu Vögeln oder Amphibien, bei denen er während der Kopulation erigiert ist und aus der Kloake ausgestülpt wird, bleibt der Krokodilpenis in einem Zustand der Dauererektion und wird im passenden Moment, einem Springteufel gleich, mithilfe entsprechender Muskeln herausgedrückt. Sobald sich das Tier wieder entspannt, schnellt er mittels am Ansatz befindlicher elastischer Bänder zurück.

Im Penisinneren des Krokodils befinden sich zwei Faser-körper, die aus Muskelgewebe und dazwischen eingefügten Kollagenfasern bestehen, weshalb dieses Organ – wie die Dschungelcamp-Teilnehmer bestätigen könnten – ziemlich zäh und schlecht zu kauen ist. Darüber hinaus ist es mit arteriellen Gefäßen ausgestattet, die sich mit Blut füllen und das letzte zugespitzte Ende anschwellen lassen, sodass der Krokodilpenis während der Kopulation ein wenig größer wird. Die Festigkeit bleibt dagegen immer gleich.

Ein grundlegender Unterschied zwischen Krokodilen und Säugetieren besteht darin, dass das von den Hoden gebildete und durch den Samenleiter transportierte Sperma (wie auch bei den Schuppenkriechtieren) nicht durch einen zentralen Innenkanal, sondern durch eine Furche an der Ventralseite des Organs verläuft und durch Muskelkontraktionen vorwärtsbewegt wird. Man vermutet dabei, dass durch die erektilen Fasern in Kombination mit der durch den Blutzustrom verursachten Anschwellung die Seitenwände der Furche geschlossen werden. Sie verwandelt sich also im richtigen Moment in eine für ihren Zweck geeignetere Röhre.

Interessanterweise haben auch Krokodilweibchen ein dem Penis vergleichbares Organ, das funktional gesehen einer Klitoris entspricht und etwa drei bis vier Mal kleiner ist als das männliche Begattungsorgan. Auch die Klitoris hat eine Ventralfurche, aber nur deshalb, weil die Weibchen dasselbe Erbgut haben wie die Männchen und große Veränderungen keinen Sinn ergeben. Die weibliche Furche hat keinerlei Funktion.

Für die Existenz der weiblichen Klitoris und männlicher Brustwarzen beim Menschen lassen sich offenbar analoge Begründungen finden: Die Genveränderungen, die für die Umbildung des Organs bei nur einem Geschlecht nötig wären, scheinen genetisch nicht vorteilhaft zu sein. Bei Krokodilen befinden sich sowohl der Penis als auch die Klitoris während der Ruhestellung im Inneren der natürlicherweise nicht ganz reinen und sauberen Kloake. Deshalb weisen sie eine große Dichte an Abwehrzellen auf. Schließlich kommt der Penis in der Kloake nicht nur mit den körpereigenen Fäkalien und Urin in Kontakt, sondern ist dazu bestimmt, in die Kloake anderer Individuen einzudringen. Daher ist Vorsicht geboten. Beim Männchen gibt es darüber hinaus etliche Drüsen und Anhänge (Adnexe) für die Produktion von Schleim und Mucopolysacchariden, die einen wichtigen Bestandteil der Samenflüssigkeit bilden.

In ihrer Behäbigkeit und tantrischen Ruhe sind Schildkröten weitaus besser »ausgestattet« als die ihnen entfernt verwandten Krokodile, und bei manchen Arten reicht die Größe des männlichen Begattungsorgans bis zur Hälfte der Länge des Rückenpanzers. Der Schildkrötenpenis ist dunkelviolett oder schwärzlich (der von Krokodilen dagegen zartrosa) und weist merkwürdige seitliche Verdickungen auf, während die Eichel spitz zuläuft. All das sind notwendige Vorkehrungen, um möglichst näher an die Eier heranzukommen als die Rivalen und den Penis so in der weiblichen Kloake zu »verkeilen«, dass es zur Ejakulation kommen kann, bevor die Partnerin genug bekommt und das Weite sucht.

Das Innere des Schildkrötenpenis setzt sich aus dem für Festigkeit sorgenden, aus Kollagen bestehenden *Corpus fibrosum* und dem mit unzähligen Blutgefäßen versehenen, für das Anschwellen des Organs verantwortlichen *Corpus spongiosum* zusammen. Bei der Erektion kann dieses bis zu 50 Prozent größer werden. Aber selbst in Ruhestellung ist der Penis ziemlich groß und befindet sich sorgfältig zusammengerollt an der Ventralseite der Kloake. Auch bei Schildkröten gibt es eine Transportfurche für das Sperma, und die Erektion verdankt sich neben dem Anschwellen des Corpus spongiosum der Kontraktion eines an den Lendenwirbeln befestigten Muskels. Das ist durchaus hilfreich, da die Kopulation recht lange (bei den meisten Arten mindestens eine Stunde) dauern kann.

Über all diese anatomischen Details hinaus bleibt die Frage, wozu Schildkröten einen derart überdimensionierten Penis brauchen. Einige Arten (wie zum Beispiel die Carolina-Dosenschildkröte *Terrapene carolina)* sind dabei beobachtet worden, wie sie sich auch ohne die Gegenwart eines Weibchens oder anderer Stimuli mit erigiertem Penis auf die Hinterbeine stellten und diese Bewegung mehrfach wiederholten. Manche Forscher sehen darin eine Art Zurschaustellung oder demonstratives Verhalten. Es bliebe jedoch zu klären, was die Tiere damit demonstrieren wollen, ob Fitness, sexuelle Potenz oder Überlegenheit gegenüber möglichen Rivalen beziehungsweise Räubern. Ich glaube eher, dass sie auf der Suche nach persönlichem Vergnügen sind. Aber das soll in dem Kapitel *Wenn man sich einsam fühlt: Sex selbstgemacht* ausführlicher zur Sprache kommen.

Gewiss löst der Anblick eines acht Zentimeter langen spitzen Phallus bei einer gerade einmal zwanzig Zentimeter großen Schildkröte einiges Aufsehen aus. Dennoch habe ich den Eindruck, dass ein großer Penis nicht nur dazu dient, tiefer einzudringen und bei der Spermienkonkurrenz dieser promiskuitiven Arten behilflich zu sein, sondern auch schlichtweg dazu, es überhaupt in eine von einem Panzer umgebene Kloake zu schaffen. So muss sich beispielsweise das Männchen der nordamerikanischen Gattung der Dosenschildkröten *(Terrapene sp.)* für die Paarung auf die Hinterbeine stellen und in reichlich unbequemer Haltung nach hinten lehnen. Bedenkt man, wie viel Mühe es das arme Tier kostet, nicht hintenüberzukippen, erscheint die Masturbation für entsprechende Trainingszwecke eine recht geeignete Übung zu sein.

Von Kobras und Komodowaranen

Die beiden Hemipenisse der Schuppenkriechtiere (Echsen und Schlangen) sind im Vergleich zu den Fortpflanzungsorganen der Säugetiere wirklich bizarr. Jeder Hemipenis ist durch einen Samenleiter mit je einem Hoden verbunden, zwischen den beiden Strukturen besteht jedoch keinerlei Verbindung. Die Männchen benutzen die beiden Hemipenisse abwechselnd, sodass sie immer frische Spermien zum »Nachladen« haben. Ob die Weibchen dagegen ausgeprägte Vorlieben für eine bestimmte Seite (Lateralität) aufweisen, ist nicht bekannt. Manche Hemipenisse – wie zum Beispiel bei der Maulwurfsnatter *Pseudaspis cana* – sind

Hemipenis der Mangroven-Nachtbaumnatter
(Boiga dendrophila).

nochmals gegabelt und sehen demnach wie vier Hemipenisse aus. Bei Maulwurfsnattern ist auch die weibliche
Kloake zweigeteilt.

Die männlichen Begattungsorgane, die an den Lateralwänden der Kloake entspringen, muss man sich im erigierten Zustand wie umgekrempelte Socken vorstellen: Während sie austreten, wird die gesamte Kloake nach außen
gestülpt. Jede Art weist unterschiedliche Verzierungen auf,
die aus Stacheln, Trichtern, Beulen, Taschen, Spitzen und
Bändern bestehen können und den Hemipenissen mitunter ein wunderschönes, an Blüten erinnerndes Aussehen
verleihen, das durch die Farbgebung zwischen rosa und lila
noch betont wird. Zweck dieser Verzierungen ist einzig und
allein, das Weibchen während der lang anhaltenden Begattung festzuhalten. Sie haben also keinerlei optische Reiz-
funktion. Je stärker die Hemipenisse verziert sind, desto
länger dauert die Begattung, da das Weibchen nicht fort-
kann, und umso sicherer ist für das Männchen die Vaterschaft. Die Begattung bei Echsen und Schlangen ist in der
Tat oft hart umkämpft und von kurzer Dauer. Die Weibchen zahlreicher Reptilien sind in der Lage, das Sperma
über viele Monate, manchmal sogar Jahre, aufzubewahren.
Ein Komodowaranweibchen, das vor einiger Zeit im Lon-
doner Zoo seine Eier abgelegt hat, war beispielsweise etliche Jahre zuvor in Frankreich zum letzten Mal mit einem
Männchen in Kontakt gekommen. Bei dem Gedanken,
einen Komodowaran darum zu bitten, zu wissenschaftlichen Zwecken seine Hemipenisse zu zeigen, läuft es mir
eiskalt den Rücken herunter, aber angesichts der Tatsache,

dass die Weibchen das Sperma derart lange aufbewahren können, werden die Männchen sie ohnehin nicht allzu oft zum Vorschein bringen.

Vögelnde Vögel

Es wurde bereits erläutert, dass wir nicht genau wissen, ob Vögel den Penis auf einer späteren Entwicklungsstufe verloren haben und der gemeinsame Vorfahr der Amnioten mit einem solchen ausgestattet war, oder ob sie nie einen besessen und manche Vogelarten ihn später unabhängig entwickelt haben. Sicher ist nur, dass die Kopulationsorgane bei den Vögeln keine besonders große Rolle spielen und die meisten Arten sich mit einem kurzen »Kloakenkuss« begnügen. Dennoch gibt es einige Ausnahmen, und der Anteil der Vögel mit Penis beträgt rund drei Prozent. Eine gängige Erklärung für die Bevorzugung des Kloakenkusses lautet, dass die Weibchen auf diese Weise besser den erzwungenen Begattungen entgehen und leichter über die Qualität des zum Ei gelangenden Spermas wachen können. Dabei bleibt jedoch offen, weshalb das nicht auch für die anderen Amnioten-Arten gelten sollte.

Lediglich zwei »Basisgruppen« von Vögeln, die an sehr primitiven Merkmalen unterschieden werden, haben ein penisartiges Begattungsorgan: Laufvögel oder genauer gesagt die Urkiefervögel *(Palaeognathae)* und die Hühner- und Gänsevögel *(Galloanserae)*. Zu den Urkiefervögeln gehören die noch lebenden Strauße, Emus, Nandus, Steißhühner, Kasuaren und Kiwis sowie die bereits ausgestorbenen Elefantenvögel und Moas. Wenn das Verhältnis von Vogelkörper zu Vogelpenis einigermaßen proportional ist, so muss der Phallus des immerhin drei Meter großen Moas beträchtlich gewesen sein. Beim Strauß, dem derzeit größten lebenden Vogel, misst er in Ruhestellung etwa 20 und im erigierten Zustand rund 40 Zentimeter und wird durch eine kompakte Kollagenstruktur gestützt. Auch in diesem Fall entsteht das Begattungsorgan durch Ausstülpen der Kloake, und aufgrund der Blutgefäße ist es von leuchtend roter Farbe. Erstaunlicherweise spielt bei Vögeln, trotz der zahlreich vorhandenen Blutgefäße, die Durchblutung selbst keine Rolle bei der Erektion. Zum Zeitpunkt der Begattung wird das Gewebe nicht etwa – wie bei Reptilien oder Säugetieren – durch Blut prall, sondern durch Lymphe. Diese Flüssigkeit befindet sich in den Gewebezwischenräumen und wird durch das Lymphsystem transportiert. Trotz der reichlich darin enthaltenen Abfallprodukte und Antikörper ähnelt sie in ihrer Zusammensetzung dem Blutplasma. Die Lymphe des Fortpflanzungsapparates der Vögel stammt aus schwammartig beschaffenen Organen beziehungsweise Gefäßkörpern, den sogenannten *Corpora vascularia paracloacalia*, die sich im Mittelteil der Kloake befinden. Wir wissen nicht, weshalb Vögel im Lauf der Evolution das Blut durch Lymphe ersetzt haben, denn Letztere verursacht durchaus Probleme. Da sie nicht durchs Herz gepumpt wird, fließt sie ohne großen Druck. Das bedeutet, dass Vögel die Erektion nicht allzu lange halten können, da sie sich allein auf hydraulische Kräfte stützt. Mag die Erektion der Lauf-,

Hühner- und Gänsevögel auch »explosiv« sein, so liegt die Schwierigkeit eben in der Dauer. Zumindest bei den großen Straußen helfen deshalb offenbar bestimmte Muskelfasern im Penis, die Erektion zu halten.

Die überreichlich Ausgestatteten

Der Phallus der Laufvögel entsteht durch Ausstülpung des hinteren Endes der Kloakenwand, das bei der Erektion umgekrempelt wird und austritt. Stellen Sie sich einen nach innen gezogenen Finger eines Handschuhs vor, der nach außen in seine Normalposition geschoben wird. Die mit dem Weibchen in Kontakt kommende Oberfläche befindet sich in Ruhestellung im Körperinneren. Auf dieser Oberfläche verläuft ein offener Kanal zum Transport des Spermas, das aus den in die Kloake mündenden Hodenkanälchen stammt. Auch die Weibchen haben ein vergleichbares Organ, das sich analog *Klitoris* nennt und, wenn auch deutlich kleiner, so doch strukturell sehr ähnlich ist. Ich weiß allerdings nicht, ob die Analogie zu den Menschen so weit geht, dass die Klitoris von Straußenweibchen dieselbe Erregungsfunktion erfüllt. Bei den Kasuaren ist die Klitoris so groß, dass sie von lokalen Eingeborenenstämmen als Zwitterwesen angesehen werden.

Eine weitere Gruppe übermäßig ausgestatteter Vögel sind die Gänsevögel (Enten, Gänse, Schwäne), die wegen ihrer oft promiskuitiven Gewohnheiten eines Penis bedürfen. Bei vielen Arten befindet sich am äußersten Ende des korkenzieherartigen Phallus eine kleine »Bürste«, mit der die Genitalwege des Weibchens vom Sperma der Konkurrenten gereinigt und somit die Erfolgsaussichten auf die Vaterschaft der Küken gesteigert werden. Es handelt sich also um eine Art Putzwedel für den Geschlechtsverkehr, der bei Enten rund fünf bis neun Zentimeter lang werden kann, bei Gänsen etwas kleiner ist. Der Rocco Siffredi der Wirbeltiere ist in der Tat unter den Enten zu finden, genauer gesagt bei den Argentinischen Ruderenten, deren Phallus bis zu 42,5 Zentimeter lang werden kann – länger als der gesamte restliche Körper – und der darüber hinaus auf ganzer Länge mit Borsten besetzt ist. Die weiblichen Genitalwege sind entsprechend gewunden und gedreht, sodass dem Weibchen eine gewisse Kontrolle über die Vaterschaft möglich ist. Findet das Männchen nicht die richtige Öffnung auf der linken Seite der Kloake (was durchaus geschehen kann, wenn das Männchen wegen einer erzwungenen Begattung in Eile ist), so mindert das seine Chancen auf Fortpflanzung. Das Ganze ist zwar nicht so effektiv wie Pfefferspray für die Augen, aber immerhin. Erwiesenermaßen haben die männlichen Enten mit dem längsten Begattungsorgan gesteigerte Fortpflanzungschancen. Das erklärt die Selektion solch ungewöhnlicher Organe, während die Annahme, dass diese wie der Schwanz beim Pfau dazu dienen, das Weibchen zu beeindrucken, als anthropozentrisch zurückgewiesen wurden. Noch ist nicht bekannt, wie groß der Teil dieses langen Fortpflanzungsorgans ist, der tatsächlich in das Weibchen eingeführt wird.

Ebenso wie bei den Straußen wird auch bei den Enten der Penis in einer Tasche im Kloakeninneren aufbewahrt

Argentinische Ruderente *(Oxyura vittata)* mit ausgestülptem Begattungsorgan.

und ist mit seitlichen, rinnenförmigen Kanälen zum Transport der Spermien versehen.

Weiter oben hieß es, nur Urkiefer- sowie Hühner- und Gänsevögel hätten einen Penis, aber das stimmt nicht ganz. Um seine hinterhältigen Absichten besser in die Tat umsetzen zu können, hat der als »Schänder« bekannte neuseeländische Hihi ganz eigenständig und in vollkommener evolutionärer Isolation einen Penis entwickelt. Der Bereich der Kloake, in den die Hodenkanälchen des Männchens münden (Kloakenwulst), schwillt während der Reproduktionsphase nicht zuletzt dank der enormen Anhäufung »gebrauchsfertiger« Spermien gewaltig an und verändert seine Position. Die Kloake, die, zwecks Ausscheidung von Fäkalien, für gewöhnlich zum Schwanz zeigt, wird ausgestülpt und richtet sich wie ein erigierter Penis praktisch senkrecht zum Leib auf, wodurch die erzwungene Begattung erleichtert wird. Auch beim Weibchen schwillt die Kloake an, ohne jedoch die Position zu ändern. Hihis sind die einzigen Sperlingsvögel mit funktionaler Erektion.

Eine letzte Anmerkung: Wenn der gemeinsame Vorfahre der Amnioten, also der Reptilien, Vögel und Säugetiere, einen Penis besaß, so ist er bei 97 Prozent der Vögel verloren gegangen, und den evolutionären »Entschluss« zu diesem Verlust haben vermutlich die Weibchen gefällt. Falls Sie Kastrationsgelüste Ihrer Frau befürchten, seien Sie also froh, dass Sie kein Spatz sind.

Die Vielgestaltigkeit der Säugetiere

Säugetiere pflanzen sich ausnahmslos durch innere Befruchtung fort. Folglich weist der männliche Fortpflanzungsapparat immer grob dieselbe Grundstruktur auf.

1) Ein Paar *Hoden*, die sich, wie etwa bei den Primaten oder Fleischfressern, außerhalb oder aber innerhalb des Körpers befinden können.

2) Um die Hoden verlaufende *efferente Gefäße*, die den Nebenhoden bilden und in denen die Samenflüssigkeit produziert wird, sowie Samenleiter, die das Sperma bei der Ejakulation nach draußen transportieren. Bei allen Säugetieren münden die Samenleiter – analog zu den mit Kloake ausgestatteten Reptilien und Vögeln – in die Harnröhre, weshalb bei männlichen Säugetieren Samenflüssigkeit und Urin aus ein und derselben Öffnung austreten. Weibliche Säugetiere (mit Ausnahme der Kloakentiere) haben dagegen, wie bereits angedeutet, als einzige Wirbeltiere für jeden der drei nach außen mündenden Apparate (Verdauung, Harn, Fortpflanzung) eine separate Öffnung.

3) Drei Arten von Drüsen, die den geeigneten Trägerstoff für das Überleben und die Fortbewegung der Spermien innerhalb der weiblichen Genitalwege bilden: Bläschendrüse, Prostata und Bulbourethraldrüse.

4) Ein einfaches oder zweifaches Begattungsorgan, durch das die von Schwellkörpern ummantelte Harnröhre fließt (im Gegensatz zu den anderen Amnioten, bei denen das Sperma durch eine äußere Furche geleitet wird).

Der Säugetierpenis ist ausgestattet:

1) mit Schwellkörpern, dank derer sich das Organ bei der Erektion mit Blut füllen und größer werden kann;

2) mit Festigkeit verleihenden Kollagenfaserschichten;

3) (manchmal) mit einem zusätzlich für Festigkeit sorgenden Penisknochen (*Baculum*);

4) (oft) mit interessanten Verzierungen, die dazu dienen, das Weibchen festzuhalten und/oder die Kopulationsdauer zu verlängern;

5) mit einem verbreiterten, erektilen Endstück, der sogenannten *Eichel*.

Embryologisch gesehen entsteht dieses Organ nicht etwa aus der ohnehin gar nicht mehr vorhandenen Kloake, sondern aus dem Bindegewebe zwischen Anus und Nabel. Natürlich gibt es je nach Gruppe oder Familie eine Vielzahl von Varianten dieses Grundschemas, und selbst innerhalb ein und derselben Gruppe kann es oft zu Unterschieden kommen.

Die Klasse der Säugetiere umfasst drei Ordnungen: Kloakentiere, Beutelsäuger und Höhere Säuger (auch Plazentatiere genannt), die jeweils ganz eigene Fortpflanzungsstrategien anwenden. Während die Weibchen auf unterschiedliche Weise ihre Jungen zur Welt bringen, indem sie sich mal mit Eiern, mal mit dem Gebären unvollständig entwickelter Embryonen, mal mit echter Viviparie behelfen, greifen die Männchen auf verschiedene Begattungstechniken zurück, die den jeweils eigenen anatomischen Besonderheiten Rechnung tragen und natürlich auf die Anatomie der Weibchen abgestimmt sind.

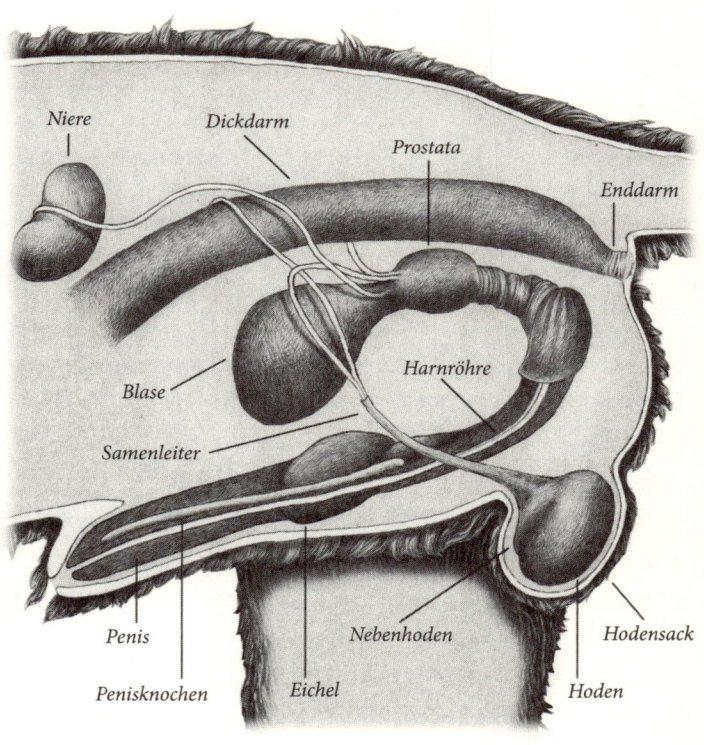

Niere

Dickdarm

Prostata

Enddarm

Blase

Harnröhre

Samenleiter

Penis

Peniesknochen

Eichel

Nebenhoden

Hoden

Hodensack

Schematische Darstellung des männlichen Fortpflanzungsapparates beim Hund.

Im Folgenden soll ein Überblick über die unterschiedliche Entwicklung der männlichen Begattungsorgane dieser aus phylogenetischer Sicht einander so nahen, aus Sicht der Fortpflanzungsbiologie jedoch weit voneinander entfernten Ordnungen von Säugetieren gegeben werden.

Vierfach beim Kloakentier

Zu den noch existierenden Kloakentieren gehören die fünf Arten von Ameisenigeln sowie die einzige Schnabeltierart. Der Penis des auch in anderer Hinsicht höchst sonderbaren Ameisenigels ist an der Eichel gleich mit vier Spitzen versehen, wohingegen das Weibchen nur mit zwei Uteri aufwarten kann. Kloakentiere sind die einzigen Säugetiere mit einer Kloake, in der sich wie bei Vögeln und Reptilien der Penis verbirgt. Er wird durch Invagination (Einstülpung) einer Kloakenwand gebildet und nur zur Begattung ausgestülpt, da er nicht zum Urinieren dient. Die Harnröhre mündet nämlich in die Kloake.

Phylogenetische und paläontologische Belege sowie das Vorhandensein von Brustdrüsen zeigen, dass Kloakentiere, trotz bedeutender Ähnlichkeiten mit Reptilien, eindeutig zu den Säugetieren gehören. Man darf nicht vergessen, dass Säugetiere letzten Endes von säugetierähnlichen Reptilien abstammen: Kloakentiere haben lediglich ein paar ursprüngliche Merkmale mehr bewahrt als wir.

Aber irgendetwas stimmt da nicht so ganz: vier Penisspitzen an einem einzigen Ende und bloß zwei Uteri? Was soll das? Lange Zeit ist das ein Rätsel geblieben. Die

Elektrostimulationen, die man den armen Tieren zugefügt hat, damit sie ejakulieren, haben zu nichts geführt, außer dass der Penis enorm anschwoll und sich die vier Enden »rosettenförmig« vergrößerten, sodass sie nicht mehr in die weibliche Kloake passten. Wieder einmal lag des Rätsels Lösung in einem auf Reptilien zurückführbaren Merkmal, und unser Dank gilt hierbei einem siebzehnjährigen, besonders »enthusiastischen« Ameisenigel aus einem australischen Zoo. Dieses Tier hatte häufig Erektionen, wenn es von einem der Zoowärter stimuliert wurde, und man brachte es schließlich zum Ejakulieren, um die Samenflüssigkeit aufzufangen und zu untersuchen. Ich weiß nicht, ob dieser Fall unter sexuellem Missbrauch Minderjähriger zu verbuchen ist, ich vermute schon, aber zumindest diente das Ganze dem Wohl der Wissenschaften.

Steve Johnson von der Universität Queensland hat bei seinen Untersuchungen herausgefunden, dass der Penis des Ameisenigels, der immerhin ein Viertel seiner Körperlänge misst, ähnlich beschaffen ist wie der einer Schlange, nämlich zweigeteilt, wobei jede Hälfte abwechselnd zum Einsatz kommt. Allerdings sind die beiden Hemipenisse der Schlange beim Ameisenigel zu einem einzigen Penis verschmolzen, und es ist nur eine »Gabelung« an den Enden geblieben, um das gleichzeitige Vordringen zu den beiden Uteri des Weibchens zu ermöglichen. Bei jedem Geschlechtsakt drehen sich abwechselnd entweder die beiden rechten oder die beiden linken Enden in eine zentrale Position, um zu den beiden Uteri vorzudringen, während die beiden anderen Enden verschwinden.

Leider ist durch diesen ganzen komplizierten Mechanismus keineswegs die Vaterschaft garantiert, denn der Wettkampf unter den Männchen ist enorm. Auf jedes Ameisenigelweibchen kommen bis zu elf Männchen, die ihm im Gänsemarsch folgen, mit dem dominanten Tier an der Spitze des Liebeszuges. Entsprechend müssen die Spermien um die Befruchtung kämpfen. Die Spermienkonkurrenz der verschiedenen potentiellen Väter wird durch den Zusammenschluss der Spermien zu Bündeln möglich, die in koordiniertem Rhythmus nebeneinander schwimmen und es dabei zu einer beachtlichen Geschwindigkeit bringen. Der Geschlechtsakt als solcher kann dank der am Weibchen haftenden Penisborsten ziemlich lange, das heißt mindestens eine halbe Stunde und bis zu drei Stunden, andauern. Mein ganzes Mitgefühl gilt dem elften Ameisenigel.

Übrigens sind beim Ameisenigel die Nebendrüsen, die den Spermien das Leben erleichtern, nur wenig oder gar nicht ausgebildet. Die Spermabündel dienen also auch dazu, die in der Mitte schwimmenden Spermien vor dem sauren Milieu in den weiblichen Genitalwegen zu schützen. Die Hoden der Kloakentiere befinden sich im Körperinneren, genauer gesagt in der Bauchhöhle, wie wir das von Vögeln, Reptilien und manchen Säugetieren, zum Beispiel Igeln, kennen. Wegen der Stacheln müssen auch Ameisenigel bei der Paarung sehr vorsichtig sein, und auch für sie ist es günstiger, den »Familienschatz« geschützt im Körperinneren aufzubewahren.

Trotz der doppelt vorhandenen Eierstöcke produziert das Weibchen immer nur ein Ei, das auf dem Weg durch

Der vierfache Penis des Ameisenigels.

den Eileiter oder dort, wo sich das Spermium gerade befindet, befruchtet wird. Das Ei gelangt in einen der beiden Uteri und von dort in den einzigen mit der Kloake verbundenen Urogenitalkanal. Knapp zwei Wochen nach der Befruchtung wird das Ei schließlich gelegt und in einer Bauchtasche untergebracht, deren Öffnung zum Schwanz zeigt. Hier wird es rund zehn Tage ausgebrütet, bis das Jungtier schlüpft. Der stachellose Babyameisenigel bleibt zwei bis drei Monate lang in der Tasche und schleckt dabei das von den Brustdrüsen abgesonderte Sekret, das sich auf dem Unterleib des Muttertiers verteilt.

Über das Schnabeltier ist noch weniger bekannt. Immerhin wissen wir, dass der Penis, den beiden vorhandenen Uteri entsprechend, zwei Spitzen hat, obwohl beim Weibchen nur ein Eierstock, nämlich der linke, eine Funktion hat, während sich der rechte, wie bei den Vögeln, immer weiter zurückbildet.

Zweigeteilt beim Beutelsäuger

Wie man sich denken kann, ist auch der männliche Fortpflanzungsapparat der Beutelsäuger durch die Anatomie des Weibchens bestimmt. Die beiden Eierstöcke führen zu zwei Uteri und diese wiederum zu zwei, durch einen schmalen Mittelkanal miteinander verbundenen Vaginen. Durch diesen gelangt der Embryo bei der Geburt. Der Kanal ist so schmal, dass darin einer der möglichen Gründe zu suchen ist, weshalb die Weibchen unvollständig entwickelte Embryonen zur Welt bringen. Um größere Föten ge-

bären zu können, wäre eine vollständige anatomische Umbildung erforderlich. Da es zwei Uteri und zwei Eierstöcke
gibt, müssen beide Vaginen zur Befruchtung herhalten, was
zwei entsprechende Penisse oder, besser noch, einen zwei-
teiligen Penis mit jeweils einer Harnröhrenendung erforderlich macht. Auf den ersten Blick erinnert der Penis der
Beutelsäuger an das gegabelte Begattungsorgan mancher
Schlangen, mit dem Unterschied, dass bei Ersteren beide
Enden gleichzeitig zum Einsatz kommen. Alle südamerikanischen und viele australische Beuteltiere haben einen
gespaltenen Penis. Bei Koalas und Wombats ist er indessen nur teilweise gespalten, während er in der Familie der
Kängurus (Riesenkängurus, Wallabys, Bürstenkängurus,
Kaninchenkängurus, Baumkängurus und Filander) – durch
Verschmelzung der beiden Hälften – in gänzlich einfacher
Form vorliegt wie bei den Höheren Säugern, und schließlich der Honigbeutler *(Tarsipes rostratus)* nicht einmal
mehr eine Eichel hat.

Die kleineren Beutelsäuger bergen ihre Hoden geschützt in der Bauchhöhle, doch normalerweise befinden
sie sich außerhalb in einem Hodensack. Im Gegensatz zu
den Höheren Säugern hängt der Hodensack dabei vor dem
Penis. Falls Sie der Meinung sind, die Lage Ihrer Hoden sei
unvorteilhaft, denken Sie an das (für Australien typische)
graue Riesenkänguru, und hören Sie auf, sich zu beschwe-
ren. Beim Moschusrattenkänguru entsteht durch den vergrößerten hinteren Teil des Nebenhodens, der durch eine
Verengung vom restlichen Inhalt des Hodensacks getrennt
ist, der Eindruck eines zweiten Hodens hinter dem Penis.

Beim Plazentatier auf den Punkt gebracht

Kommen wir nun also zu einer Klade, die uns selbst aus nächster Nähe betrifft, nämlich zu den Höheren Säugern oder Plazentatieren, die von Wissenschaftlern als *Eutheria* und vom durchschnittlichen Zoobesucher einfach als »Tiere« bezeichnet werden.

Anatomisch sind sie bereits ausführlich zu Beginn dieses Kapitels beschrieben worden, aber es sei an dieser Stelle ergänzend hinzugefügt, dass der Penis aller Plazentatiere immer aus einem einzigen zylinder- oder spiralförmigen Körper besteht und abgesehen von Fehlbildungen niemals zweigeteilt ist, wie bei den Beutelsäugern, den Schlangen oder Haien. Das liegt schlichtweg daran, dass alle Plazentatierweibchen nur eine einzige Vagina haben. Dieses von der Kloake anderer Wirbeltiere gänzlich verschiedene Organ dient ausschließlich der Fortpflanzung und ist entsprechend spezialisiert.

Verhalten und Ökologie der einzelnen Arten waren beziehungsweise sind für die Entwicklung der Begattungsorgane aller Säugetiere von Bedeutung. Denn Herdenleben oder Einzelgängerdasein, Promiskuität oder Bindung an einen Partner, absolute oder relative Dominanz, soziale Strukturen, Verwandtenselektion, Intelligenz, Aggressions- und Territorialverhalten sind entscheidende Faktoren, die das evolutionäre Schlüsselereignis – also den Fortpflanzungsakt des einzelnen Individuums – beeinflussen. Besonders deutlich wird das (abgesehen von einigen, in diesem Fall nicht mit einem Penis ausgestatteten Vögeln) bei den

Höheren Säugern, da sich diese in hohem Maße von der schlichten genetischen Verhaltensprogrammierung gelöst haben und eher durch ihre Intelligenz bestimmt sind. Das trifft, wie wir sehen werden, vor allem auf unsere eigene Spezies zu, bei der sowohl die Größe des Gehirns als auch die des Penis über dem Durchschnitt liegen.

Hoden im Kühlschrank

Viele Säugetiere zeichnen sich durch ein merkwürdiges und für Wirbeltiere absolut außergewöhnliches Merkmal aus: Ihre Hoden befinden sich außerhalb des Körpers, noch dazu an ziemlich exponierter Stelle, wodurch der kostbare Familienschatz extrem gefährdet ist. Wozu dient diese augenscheinlich wenig funktionale evolutionäre Anpassung?

Die in dieser Weise benachteiligten Säuger sind die sogenannten *Euarchontoglires*, eine Schwestergruppe der *Laurasiatheria*, also der auf Laurasia – dem nach der Zweiteilung Pangäas nördlich gelegenen Kontinent – entstandenen Tiere. Zu den Euarchontoglires zählen die verschiedenen Nager, die Hasenartigen, die Spitzhörnchen sowie alle Primaten. Kurz gesagt haben lediglich die *Afrotheria* (das heißt einige in Afrika beheimatete Säuger), die Nashörner, Tapire, Insektenfresser, Fledermäuse, Gürteltiere, Ameisenbären und Faultiere sowie aus hydrodynamischen Gründen auch die Meeressäuger, innere Hoden. Die Hoden der *Afrotheria*, zu denen unter anderem die Elefanten gehören, bleiben ein Leben lang im oberen Teil der Bauchhöhle, in der Nähe der

Nieren, während sie sich bei allen anderen Arten mit Abdominalhoden in einem tiefer gelegenen Bereich der Bauchhöhle befinden. Bei einigen Arten wandern die Hoden während der Reproduktionsphase in den Hodensack und schwellen an, während sie die übrige Zeit teilweise in die Bauchhöhle aufsteigen. Zählt man die zu den beiden verschiedenen Typen gehörenden Arten, stellt man fest, dass sich die Hoden bei den meisten Säugetieren zeitlebens oder zumindest überwiegend außerhalb des Körpers befinden. Eine Form von Masochismus?

Die offizielle Erklärung lautet, dass die Position der Hoden außerhalb der Bauchhöhle dazu dient, deren Temperatur wie in einer Art Kühlschrank leicht unterhalb der Körpertemperatur zu halten. Die Körpertemperatur aller Höheren Säugetiere liegt etwa um die 37° C. Die an der Spermienbildung beteiligten Enzyme funktionieren jedoch besser bei zwei bis drei Grad niedrigerer Temperatur und diese optimale Temperatur wird durch Auslagern der Hoden in den Hodensack außerhalb des Körpers erzielt.

Diese Erklärung ist insofern unbefriedigend, als unklar bleibt, weshalb diese Beschränkung nicht zum Beispiel auch für die Afrotheria, für Nashörner, und für alle Vögel gelten sollte. Und wie sich für eine derart wichtige Aufgabe Enzyme entwickeln konnten, die bei normaler Körpertemperatur unwirksam sind. Kein anderes körpereigenes Enzym hat dieses Problem. Zweifellos funktioniert die Keimzellenentwicklung (Gametogenese) bei 37° C nicht besonders gut, und hohe Temperaturen in den Hoden führen zu Unfruchtbarkeit. Aber möglicherweise handelt es sich auch eher um eine Wirkung als um eine Ursache.

Um diese Anomalie zu erklären, sind verschiedene Theorien formuliert worden:

1) Äußere Hoden, so die These, würden wie ein Pfauenschwanz funktionieren, weshalb sich nur diejenigen Männchen fortpflanzen könnten, die stark genug und in der Lage seien, ihre Hoden bei Auseinandersetzungen mit anderen Männchen zu schützen. Tatsächlich haben beispielsweise die Äthiopischen Grünmeerkatzen *(Cercopithecus aethiops)* einen leuchtend hellblauen und somit für Weibchen und Rivalen gut sichtbaren Hodensack. Ratten und Hirsche greifen wiederum auf ganz andere Methoden zurück, um ihre Fitness unter Beweis zu stellen, obwohl sich ihre Hoden ebenfalls außerhalb des Körpers befinden. Der »bunte Pfauenschwanz« der Grünmeerkatzen ist also ein mit der sexuellen Selektion dieser bestimmten Art verknüpftes Phänomen und kein gemeinsames, auf alle Säugetiere anwendbares Merkmal. Die Fortpflanzungsstrategie hat augenscheinlich wenig mit der Lage der Keimdrüsen zu tun.

2) Äußere Hoden würden wie ein Kühlschrank funktionieren. Der zu kühlende Teil bestünde weniger aus den Keimdrüsen als vielmehr aus den Nebenhoden, wo die zwischen zwei Ejakulationen gebildeten Spermien aufbewahrt werden. Da es dort kühl sei, hätten sie eine längere Lebensdauer, wodurch sich die Anzahl der bei jedem Fortpflanzungsakt freigesetzten Keimzellen erhöhe. Bei den Arten mit inneren Hoden liegen die Nebenhoden

tatsächlich meist näher an der Oberfläche, aber das erklärt nicht, weshalb das nicht bei allen Arten der Fall ist und etwa die Keimzellen im Körperinneren geschützt sind und bloß die Nebenhoden außen liegen.

3) Kalte Hoden würden gewissermaßen als Trainingslager für die Spermien dienen, da in kalter, unwirtlicher Umgebung nur die stärksten von ihnen überleben. Wie es unter englischen Soldaten heißt: *Train hard, fight easy* (»Wenn du hart trainierst, fällt dir das Kämpfen leicht«). Gestärkt durch die harten Erfahrungen im Inneren der Hoden würden die Spermien besser auf die Schwierigkeiten in den unwegsamen und geheimnisvollen weiblichen Genitalwegen vorbereitet sein. Bliebe allerdings zu klären, weshalb promiskuitive Arten wie zum Beispiel Eichhörnchen, bei denen die Spermienkonkurrenz eine wichtige Rolle spielt, auf Qualität statt auf Quantität setzen sollten.

4) Höhere Temperaturen würden zu einer höheren Mutationsrate dieser sich so rasch reproduzierenden Zellen führen. Ein Problem, das den weiblichen Keimzellen, die sich nur während der embryonalen Entwicklung reproduzieren, nicht sehr gelegen käme. Bei dieser These bleibt dennoch offen, wie etwa die *Afrotheria* mit dem Problem der erhöhten Mutationsrate umgehen.

5) Die Körpertemperatur, bei der sich die für die Spermatogenese der Säugetiere wirksamen Enzyme entwickelt haben, sei bei dem gemeinsamen, zu den Reptilien zählenden Vorfahren niedriger und weniger konstant gewesen. Als sie später zur Beschleunigung des Stoffwechsels

anstieg, wären zur Wahrung der optimalen Temperatur die Hoden nach außen verlagert worden, da diese Maßnahme sehr viel einfacher zu bewerkstelligen sei als eine Modifikation der entsprechenden Enzyme. Das Schlüssel-Schloss-Prinzip der Enzyme und ihres Substrates ist ein höchst ausgefeilter Mechanismus, und es ist nicht gesagt, ob sich eine weitere ebenso gut funktionierende Form gefunden hätte, auch wenn es den Elefanten offenbar gelungen ist.

Die letzte Hypothese scheint mir die glaubwürdigste zu sein. Sie wird durch Theorien gestützt, nach denen sich der Hodensack mindestens zwei Mal unabhängig voneinander entwickelt hat: bei den Höheren Säugern und den Beutelsäugern, bei denen, wie wir gesehen haben, die Position aber eine andere ist.

Auch wenn es sich um eine Art Kompromiss mit einem schwer veränderbaren urzeitlichen Erbe handelt, bleibt die externe Position mit einigen Unannehmlichkeiten verbunden. Es scheint, als neige die Evolution, gleichzeitig mit der Suche nach einer nachhaltigen Lösung für das Temperaturproblem, dazu, die Hoden allmählich wieder in das Körperinnere zurückzuverlagern. Wir Menschen sowie die übrigen Tiere mit äußeren Hoden liefern also die primitivere »Betaversion« der Hodenposition. Insektenfresser, Fledermäuse und Kloakentiere haben eine variable Körpertemperatur und können es sich erlauben, sie im Inneren, tief in der Bauchhöhle, aufzubewahren. Meeressäuger, Nashörner, Tapire und alle anderen Tiere mit nicht ganz so tief, aber dennoch im Körperinneren befindlichen Hoden haben das Problem mit einem in der Fachsprache als *Rete mirabile* bezeichneten feinen Arteriengeflecht gelöst, das mithilfe der Blutgefäße für Wärmeaustausch sorgt und eine Art Kühler für die Keimdrüsen darstellt. Die *Afrotheria* bleiben die Einzigen, denen es gelungen ist, eine wirklich perfekte Lösung für die Optimaltemperatur der Enzyme zu finden. Sie liefern somit die »Zielversion« innerhalb der Evolution der Säugetiere. (Wer will da noch behaupten, wir Menschen stünden an der Spitze der Evolution? Wir seien die Krönung der Schöpfung? Tja, am Ende kehrt alles wieder zurück.)

Die Größe zählt

Kommen wir nun zu einem für uns Menschen heiklen Thema, dem der Größe. Laut einer Studie der Universität Florenz beträgt die durchschnittliche Penislänge eines Italieners im erigierten Zustand etwa 12,5 Zentimeter (9 Zentimeter in Ruhestellung) bei einem Umfang von 10 Zentimetern, während andere Studien ergeben, dass es der Penis eines Amerikaners im Durchschnitt auf 6 Finger (15 Zentimeter) Länge bringt. Das Verhältnis zur Körpergröße ist direkt proportional, und Amerikaner sind im Schnitt größer als Italiener.

Jedenfalls gibt es keinen Anlass zur Sorge: Menschen sind die Primaten mit dem längsten Penis. Die größten Primaten, nämlich die Gorillas, bringen es auf eine Länge von rund 5 Zentimetern, die Schimpansen auf etwa das Doppelte. Der Grund, warum wir Menschen einen so großen

Penis haben, ist derselbe, aus dem wir so sehr darum bemüht sind, ihn zu messen (aber legen Sie jetzt bitte mal das Maßband beiseite): In unserer eigentlich monogamen, aber einen gewissen Hang zur Polygynie und Promiskuität aufweisenden Spezies wird der Penis gern zur Schau gestellt, wie eine Art Pfauenschwanz. Eine länger anhaltende Erektion (von rund 30 Minuten) bei einem nur durch hydrodynamischen Druck steifen Penis ist anstrengend, und wer es schafft, hat hinreichend gute Gene, um sich eine Nachkommenschaft zu sichern, während physische und/oder psychische Leiden sich sehr schnell in Erektionsstörungen widerspiegeln. Auf diese Weise kann der weibliche Teil der Spezies in aller Ruhe die gesündesten männlichen Partner auswählen und Nachkommen in die Welt setzen. Der polygame Gorilla greift auf andere Methoden, etwa auf Kämpfe mit rivalisierenden Männchen zurück, um seinem Harem die eigene Fitness zu beweisen. Er braucht daher, im Unterschied zum promiskuitiven Schimpansen, keinen großen Penis. Da Schimpansenweibchen jedoch mehrere Partner wählen, müssen Schimpansenmännchen nur bis zu einem gewissen Grad auf die Penislänge bedacht sein.

Absolut gesehen ist der Blauwal das Säugetier mit dem längsten Penis. Bei einem Exemplar von 32,9 Metern Länge hat man einen 2,4 Meter langen Penis gemessen, was einem Verhältnis von 1 zu 13,71 entspricht. Wenn die Durchschnittsgröße eines Italieners 1,74 Meter beträgt kommt man auf ein Verhältnis zur Penislänge von 1:13,92. Relativ gesehen ist also der männliche Teil bei den Menschen nur ein wenig schlechter ausgestattet als Blauwale. Was die Relationen betrifft, bleibt unter den Säugetieren der Elefant mit einem erigierten Penis von 2 Metern Länge und einer Widerristhöhe von 4 Metern unübertroffen.

Alles in allem sind die Paarhufer und die pflanzenfressenden Unpaarhufer ziemlich gut ausgestattet, ohne dabei auf Stützstrukturen zurückgreifen zu müssen. Das lässt sich auch mit der Stellung des Männchens während der Begattung und mit der ihm drohenden Gefahr erklären, sich von seiner möglicherweise unwilligen Partnerin einen Tritt einzufangen, weshalb ein bisschen Abstandhalten in jedem Fall ratsam ist.

Auch Wale haben wegen ihres Hangs zur Promiskuität einen verhältnismäßig großen Penis, den sie übrigens in alle möglichen Richtungen bewegen können. Das ist für die Begattung deshalb erforderlich, da sie keine Pranken oder Krallen haben, mit denen sie das Weibchen festhalten könnten. Bemerkenswerterweise kopulieren die Wale vis-à-vis wie wir Menschen.

Nagetiere haben, absolut gesehen, einen kleinen, in Relation zur Körpergröße hingegen einen ziemlich großen Penis, sodass sie zur Unterstützung für gewöhnlich eines (in der Fachsprache *Baculum* genannten) Penisknochens bedürfen. Die Penislänge und das Vorhandensein eines solchen Knochens sind eine Folge der Spermienkonkurrenz, die bei Nagern meist sehr erbittert ist. Während ein langer Penis für ein besseres Überleben der auf diese Weise tiefer in die weiblichen Genitalwege eingeführten Spermien sorgt, wird durch den Penisknochen eine länger andauernde Kopulation möglich.

Pornostar unter den Nagetieren scheint die kleine Westliche Erntemaus *(Reithrodontomys megalotis)* zu sein: Ihre Penislänge von 7 bis 8 Millimetern entspricht einem Zehntel der Körperlänge und übertrifft damit bei Weitem die Maße eines Durchschnittsitalieners. Die Herren der Schöpfung können aber unbesorgt sein, da das lediglich besagt, dass Spermienkonkurrenz beim Menschen keine Rolle spielt und Frauen ihren männlichen Partnern in der Regel treu bleiben.

Bei den Insektenfressern liegen die Fledermäuse ganz vorn, wobei auch sie sich der ermüdenden Spermienkonkurrenz mit anderen Männchen und den promiskuitiven Gewohnheiten der Weibchen stellen müssen. Die Penislänge der durchgehend mit Penisknochen ausgestatteten Fleischfresser scheint dagegen, ebenso wie die Körpergröße, mit dem Klima zu korrelieren: Je höher die Breiten, desto größer ist der Penis im Vergleich zu den in milderen Regionen lebenden Tieren.

Was sich mit Hydraulik und Knochen bewerkstelligen lässt

Beim Thema Penisknochen muss man ein bisschen weiter ausholen, da bei Säugetieren hauptsächlich drei Erektionsmechanismen zum Tragen kommen:
1) durch Schwellkörper;
2) durch fibroelastisches Gewebe;
3) durch Schwellkörper mit Penisknochen.

Der Erektion mittels Schwellkörpern entspricht der kavernöse Penistyp. Er ist beim Menschen (und wenigen anderen Primaten) sowie einigen weiteren Arten wie Kaninchen, Pferden und Tapiren zu finden. Das kavernöse, also mit zahlreichen Gefäßen versehene, Gewebe füllt sich mit Blut, wodurch der Penis größer wird und, durch eine stark elastische äußere Faserschicht unterstützt, an Festigkeit gewinnt. Viele Männer haben keine Ahnung von dieser im Lauf von vielen Millionen Jahren entstandenen komplexen Struktur und halten ihr Begattungsorgan für einen simplen Muskel, womit sie es zu gering schätzen. Die Erhöhung des Drucks und der Menge an Blut im Penis führt bei der Erektion zu einer starken Vergrößerung des Organs. Da aber keine Muskeln zur Unterstützung vorhanden sind, ist das Ganze ziemlich anstrengend. Der gesamte Mechanismus ist hydrostatisch und von kurzer Dauer, und die Ejakulation wird durch Druck- und Temperaturstimulation ausgelöst. Die weibliche Klitoris ist ebenfalls mit erektilen Schwellkörpern ausgestattet.

Der fibroelastische Penistyp und der damit einhergehende Mechanismus findet sich bei Stieren, Giraffen und Delfinen, mit anderen Worten bei allen *Cetartiodactyla* (Paarhufern und Walen). Die Schwellkörper sind klein, das Organ vergrößert sich daher nur geringfügig, und seine Steifheit verdankt sich in erster Linie der sogenannten *Tunica albuginea,* einer das Organ ummantelnden elastischen Faserschicht. Die Ejakulation wird durch Temperaturstimulation ausgelöst. Zur Erektion kommt es durch Entspannen des sogenannten Retraktionsmuskels. Da der Penis seine Größe kaum verändert, ruht er normalerweise zu einem S oder einem Ring zusammengelegt in der Bauchhöhle. Durch Entspannen des Retraktionsmuskels richtet er sich gerade und dringt zu etwa zwei Dritteln seiner Gesamtlänge nach außen. Der Retraktionsmuskel wird auch von anderen Tieren ohne fibroelastischen Penis genutzt, etwa von Meerschweinchen oder Fleischfressern, wobei er bei Letzteren weniger ausgeprägt ist.

Alle anderen Säuger, also der größte Teil (Nager, Fledermäuse, Fleischfresser und Primaten) haben einen kavernösen Penis mit Penisknochen. Dieser erstreckt sich durch den gesamten Penis oder beschränkt sich, wie beim Gorilla, auf die Eichel. Meist tritt er gemeinsam mit einem an der Spitze des Penis befindlichen sogenannten Zwiebelteil *(Bulbus glandis)* in Erscheinung, der von gleich zu Beginn der Erektion stark anschwellendem kavernösen Gewebe umgeben ist. Auf diese Weise kann der Penis bereits eindringen, wenn er noch nicht vollständig erigiert ist. Er findet sich überwiegend bei den Tieren, die »auf die schnelle Art« kopulieren. Bei Hunden entspricht dem vergrößerten Zwiebelteil eine ebensolche Erweiterung der weiblichen Vagina, wodurch es zu der typischen »Verkeilung« der beiden Partner kommt.

Auf den längsten Penisknochen des Tierreiches bringt es mit 60 bis 70 Zentimetern das Walross, dessen Überreste von den Eskimos traditionellerweise zu Messergriffen verarbeitet werden. Klar, dass dieses Tier, mangels Viagra, irgendeine Form der Unterstützung braucht, denn innerhalb von nur vier Tagen muss es sich bis zu 250 Mal paaren (was mehr als 60 Mal am Tag bedeutet!).

Oft ist die Klitoris mit einer dem Penisknochen ähnlichen, *Baubellum* genannten, Knochenstruktur ausgestattet.

Der »Akt selbst« ist bei den Tieren mit fibroelastischem Penistyp, abgesehen von ein paar Ausnahmen, von ziemlich kurzer Dauer und wird nur von wenigen oder gar keinen Beckenstößen begleitet. Bei Stieren, Hirschen, Antilopen, Schafen, Ziegen, Giraffen und Okapi dauert der Koitus zwischen zwei und fünf Sekunden, bei Walen immerhin 10 bis 20 Sekunden und bei Lamas und Kamelen sogar rund 10 Minuten. Um die Kopulation auf ein Höchstmaß auszudehnen, haben Schweine (die es auf einen Schnitt von sechs Minuten bringen) einen rechtsdrehend korkenzieherförmigen Penis entwickelt, und die Sauen-Vagina ist entsprechend geformt. Allerdings schraubt sich das Männchen nirgendwo hinein, sondern klemmt die Ränder der Spiralwindungen in die Vagina des Weibchens, bis der Penis feststeckt. Falls Sie sich in ein Schwein verlieben, sollten Sie dieses Detail im Hinterkopf behalten, um sich möglichen Ärger zu ersparen.

Unter den Tieren mit rein kavernösem Penistyp sind Pferde bei der Begattung (mit 30 bis 180 Sekunden) die schnellsten. Abgesehen von Hunden, die bis zu 20 Minuten brauchen, haben es auch Tiere mit Penisknochen relativ eilig. Enttäuschend sind übrigens die Faultiere, die es trotz ihrer Trägheit gerade mal auf drei Minuten bringen. Immerhin schaffen sie es innerhalb von einer halben Stunde gleich mehrfach hintereinander und sogar vis-à-vis. Viele Tiere mit Penisknochen und Spermienkonkurrenz haben sich Verzierungen in Form von Häkchen oder anderen Anhängseln zugelegt, um die Kopulation in die Länge zu dehnen. So bildet beispielsweise bei Katzen eine Knorpelverdickung des Penisknochens einen Stachelring um die Eichel.

Hast du da unten einen *Velociraptor*, oder freust du dich nur, mich zu sehen?

Zum Abschluss des Kapitels müssen wir uns eine letzte Frage stellen: Wie war das eigentlich bei den Dinosauriern? Wie bereits erwähnt ist das Problem, dass wir nur ein paar versteinerte Knochen und Abdrücke von ihnen haben. Weichgewebe und somit auch mögliche Begattungsorgane verwesen als Erstes. Der in Kampanien entdeckte und von den italienischen Medien »Ciro« getaufte versteinerte Babydinosaurier *Scipionyx samniticus,* bei dem ein Gutteil der inneren Organe vollkommen erhalten geblieben sind, war dummerweise noch zu jung für derlei Dinge und liefert diesbezüglich keinerlei Aufschluss. Wir haben leider nicht den blassesten Schimmer, ob Dinosaurier einen Penis besaßen oder stattdessen auf den »Kloakenkuss« zurückgriffen oder ob die einen so und die anderen so. Phylogenetisch gesehen stehen Dinosaurier den mit Penis ausgestatteten Krokodilen sowie den Vögeln (die ja eigentlich Dinosaurier sind) verwandtschaftlich am nächsten. Wobei Vögel bekanntermaßen vielleicht nie einen Penis besessen und manche Arten ihn erst später entwickelt haben. Dinosaurier waren wie die Vögel eierlegend, und über die Möglichkeit einer niemals nachgewiesenen Viviparie brauchen wir gar nicht erst zu spekulieren. Soweit wir wissen, hängt es eher von ethologischen Bedingungen als von physiologischen Beschränkungen ab, ob ein Begattungsorgan vorhanden ist oder nicht: Bei Promiskuität und Spermienkonkurrenz kann ein Penis von Vorteil sein, um den Spermien den Weg zu verkürzen. Ebenso ist es für das Weibchen vorteilhaft, sich mit einem Männchen zu paaren, das die Rivalen während der gesamten Begattung in Schach zu halten vermag, denn das spricht für die Güte seiner Gene. Ich würde daher eher bei den Dinosauriern einen Penis erwarten, die in Herden lebten, während die Einzelgänger in der Fortpflanzungsperiode vermutlich ein Lek oder einen Harem gebildet haben. Mit anderen Worten scheint mir ein Penis bei einem *Velociraptor* eher wahrscheinlich als bei einem *Tyrannosaurus Rex*, obwohl beide der Seitenlinie angehörten, die zu den Vögeln führt. Die großen Sauropoden könnten übrigens wegen der zur Paarung erforderlichen Stellung eines Penis bedurft haben. Diese Tiere waren nicht nur riesig, sondern hatten obendrein noch einen langen, am Ansatz sehr breiten Schwanz, der zur Begattung angehoben und zur Seite bewegt werden musste, wodurch die Stellung instabil wurde. Mit einem Penis wäre das Ganze in jedem Fall einfacher gewesen. Das Schöne an der Wissenschaft ist jedoch, dass sie nicht auf alles eine Antwort weiß. Man kann endlos spekulieren, aber mangels fossiler Belege lässt sich keine eindeutige Aussage treffen. Vielleicht ist das ja besser so. Denn wir zum Exhibitionismus neigenden Primaten könnten uns am Ende noch minderbemittelt fühlen.

Wohin mit den lieben Kleinen?
Die Freuden der Brutpflege

Wenn ich einen Artikel für eine Fachzeitschrift schreiben müsste, würde ich Balzverhalten und Paarung unter der Überschrift »Materialien und Methoden«, die Empfängnis unter »Ergebnisse« und die Überlebenschancen des Neugeborenen unter »Diskussion« zusammenfassen, wobei das Ganze mit dem einheitlichen Titel »Wie man die eigenen Gene weitergibt« (oder so ähnlich) zu versehen wäre, da all diese Punkte letztlich nur verschiedene Facetten ein und derselben Sache sind. Was nach der Befruchtung kommt, ist nämlich ein äußerst wichtiger Aspekt des Sexuallebens, denn wenn man dabei scheitert, war alles vergeblich. Sexualität ist kein Zweck, sondern ein Mittel.

Wenn der Traum von Embryonen endlich in Erfüllung gegangen ist, was passiert dann eigentlich mit ihnen?

Wirbeltiere greifen im Umgang mit ihren Nachkommen im Wesentlichen auf drei Strategien zurück. Um ebendiese soll es im Folgenden gehen.

Eier legen und nichts wie weg

Diese Technik kommt bei 79 Prozent der Fische, bei 29 Prozent der Amphibien, bei 97 Prozent der Reptilien, aber bei keinem einzigen Vogel oder Säugetier zum Einsatz. Das Muttertier versorgt den Embryo durch den Dottersack des Eis mit Nahrung und schützt ihn mittels fester Schalen sowie der Wahl eines günstigen Zeitpunkts und eines geeigneten Verstecks für die Eiablage. Manchmal baut es zu diesem Zweck ausgefeilte Nester (wie zum Beispiel das Laubfroschweibchen *Hyla faber,* das richtige Schlammbecken für seinen Laich errichtet), aber das war's dann auch. All das ist für die Tiere typisch, die auf die r-Strategie zurückgreifen, die also möglichst viele Nachkommen zeugen in der Hoffnung, dass es wenigstens einige bis zur Geschlechtsreife schaffen.

Warten, bis die Jungen schlüpfen, und dann nichts wie weg

Viele Tiere bewachen ihre Eier bis zum Schlüpfen der Jungen, oder falls es sich um vivipare Arten handelt, hüten sie die Embryonen im eigenen Körper, ohne sie jedoch zu versorgen. Sobald die Jungen geboren sind, bleiben sie sich selbst überlassen. Von den Fischen sind in diesem Zusammenhang auf jeden Fall die Haie zu nennen, die, wie bereits erwähnt, ihre Jungen fast alle lebend gebären. Leider hat die Haimama keine Kontrolle über das, was in ihren beiden

Uteri vor sich geht. So kommt es etwa bei dem zur Ordnung der Makrelenhaie *(Lamniformes)* zählenden Sandtigerhai vor, dass sich die Jungen im Uterus gegenseitig auffressen und von den anfänglichen 50 nur eines pro Uterus zur Welt kommt. Dadurch verringert sich der Wettbewerb, und die Überlebenschancen des neugeborenen fetten, kleinen Hais steigen. Der Ammenhai macht seinem Namen alle Ehre und legt mehr Eier als befruchtet werden, um auf diese Weise die Embryonen mit Nahrung zu versorgen und zu verhindern, dass sie sich gegenseitig auffressen.

Die Pythons, genauer gesagt die »Pythondamen«, bebrüten ihre Eier wie die Spatzen und bleiben 50 bis 60 Tage zusammengerollt im Nest, ohne zu fressen oder sich zu entfernen. Wenn nötig, lassen sie ihre Muskeln zittern, um die erforderliche Wärme für die Eier zu erzeugen. Doch unmittelbar vor dem Schlüpfen heißt es: »Tschüss, meine Kleinen!«, und die Jungen bleiben sich selbst überlassen. Boas, Ottern und etliche Echsen haben das Problem gelöst, indem sie vivipar geworden sind, aber unter Reptilien sind »gute« Eltern eine winzige Minderheit.

Eine Studie hat ergeben, dass bei Amphibien von 334 untersuchten Froschlurcharten nur 17 Prozent Brutpflege betreiben. Verglichen mit Reptilien ist das ein gutes Ergebnis. Manche Froschlurche schleppen ihre Eier oder Kaulquappen permanent mit sich herum, so zum Beispiel das Männchen der Gemeinen Geburtshelferkröte *(Alytes obstetricans)*, das die Eier sicher zwischen den Hinterbeinen transportiert und sie regelmäßig ins Wasser taucht, um sie vor dem Austrocknen zu bewahren. Kurz bevor die

Kaulquappen schlüpfen, begibt sich der Krötenpapa zum nächsten Tümpel, um die Kleinen dort ihrem Schicksal zu überlassen. Die zur Gattung der Bachsalamander *(Desmognathus)* gehörenden Arten und die Alligatorensalamander *(Aneides lugubris)* legen ihre Eier in feuchte Höhlen, die sie unter Moos oder Baumstämmen graben, und bewachen die Eier zwei, drei Monate lang bis zum Schlüpfen. Während dieser Zeit nehmen sie übrigens praktisch keine Nahrung zu sich.

Die zur Gattung der Aalmolche *(Amphiuma)* gehörenden Arten gehen sogar so weit, sich auf ihren Eiern zusammenzurollen und diese fünf Monate lang auszubrüten, obwohl das Muttertier lediglich schützende Funktion hat und nicht dazu dient, Wärme zu spenden. Der Alpensalamander *(Salamandra atra)* ist vivipar, zeugt jedoch immer nur einen einzigen Embryo, der sich von den übrigen unbefruchteten Eiern ernährt, während es anderen viviparen Salamandern gelingt, ihre Embryonen ausschließlich mit dem Dottersack zu ernähren. Viele Schleichenlurche ringeln sich schützend um ihre Eier. Allerdings sind rund 75 Prozent der Arten vivipar.

Kommen wir nun zu den Vögeln. Die in Ozeanien beheimateten Großfußhühner haben ganz besondere Fortpflanzungsgewohnheiten: Die Eltern hüten ihre Küken nicht, sie sind die einzigen Vögel, die nach dem Schlüpfen keine Brutpflege betreiben. Deshalb kommen die Jungen mit Federn zur Welt, können bereits wenige Stunden nach der Geburt fliegen und finden sich allein zurecht. Was den Großfußhühnern wirklich am Herzen liegt, ist das Schlüpfen der

Küken, und zu diesem Zweck brauchen die Eier die richtige Temperatur. Aber Brüten kommt für die Eltern nicht in Frage! Diese Vögel haben tatsächlich noch vor uns Menschen den Brutkasten erfunden. Sie legen ihre Eier auf Hügel oder in Gruben, wo sie mit der durch Sonneneinstrahlung, Vulkanaktivität oder Gärung pflanzlicher Stoffe erzeugten Wärme ausgebrütet werden. So gräbt zum Beispiel das im semiariden Buschland Südaustraliens lebende Thermometerhuhn *(Leipoa ocellata)* eine Grube, die es mit Sand und Pflanzenteilen füllt, bis ein Haufen von rund einem Meter Höhe und drei Metern Durchmesser entsteht.

Die Bruttemperatur für die Eier wird zum einen durch die Gärung der Pflanzen, zum anderen durch Sonneneinstrahlung erreicht, und die im Nest herrschende Temperatur bleibt dank der »Instandhaltungsarbeiten« des Männchens, das je nach Bedarf Material entfernt oder hinzufügt, relativ konstant (bei 33 °C). Der Gedanke, sich in aller Ruhe hinzuhocken und zu brüten, statt Tag und Nacht wie die Verrückten Zweige heranzuschleppen oder fortzuschaffen, kommt diesen Vögeln nicht einmal im Traum.

Ich habe weiter oben behauptet, Großfußhühner seien die einzigen Vögel, die sich nach dem Schlüpfen nicht um ihre Jungen kümmern, aber das stimmt nur insofern, als sie die einzigen Vögel sind, deren Jungtiere keiner Brutpflege bedürfen. In der Tat kümmern sich auch die Kuckucke nicht um ihren Nachwuchs. Allerdings nicht, weil die Küken allein zurechtkommen, sondern weil die Eltern das Problem lösen, indem sie fremde Nester in Beschlag nehmen.

Kinder sind das Größte

Ein kleiner Prozentsatz von Wirbeltieren betreibt dagegen umfangreiche Brutpflege und kümmert sich nicht nur um die Eier, sondern auch um die Jungen, solange sie noch nicht selbstständig sind. Dazu gehören die Ernährung der Embryonen mit geeigneten Teilen des eigenen Körpers, die Verteidigung gegen Räuber und bei den intelligenteren Wirbeltieren auch das Vermitteln von Überlebenstechniken.

Unter den Fischen liefern die überwiegend in afrikanischen und südamerikanischen Süßgewässern lebenden Buntbarsche das schönste Beispiel. Je nach Art brüten entweder das Männchen oder das Weibchen oder beide die Eier im Maul aus und logischerweise können sie während dieser Zeit nichts fressen. Oft werden die Eier abgelegt, vom Weibchen in den Mund genommen und in der Mundhöhle befruchtet, also in einem Ambiente, das geschützt und sicher ist, solange das Weibchen nicht schluckt. Es sei übrigens daran erinnert, dass die Buntbarschmännchen keinen Penis und die Weibchen eine Menge Zähne haben. Obwohl sie im Ruf vorbildlicher Eltern stehen, kommt es auch bei ihnen gelegentlich zu Kannibalismus. So verschlingt beispielsweise der Doederlein's Kardinalbarsch *(Apogon doederleini)* das gesamte Gelege, wenn ihm das Weibchen nicht richtig zusagt (etwa weil es kleiner ist als er), und beginnt gleich darauf, sich mit einem anderen, in seinen Augen passenderen Weibchen zu paaren, um sich anschließend liebevoll um die Brut zu kümmern, als sei nichts geschehen. Manche Buntbarscharten betreiben auch nach dem Schlüpfen der Jungen noch Brutpflege. Die Buntbarschsetzlinge bleiben zunächst in unmittelbarer Nähe der Eltern oder eines Elternteils, und diese geben ihrem Nachwuchs durch Verhaltenszeichen zu verstehen, wann Gefahr droht, woraufhin sich die Kleinen in Mamas oder Papas Maul flüchten.

Auch unter Fröschen gibt es fürsorgliche Eltern, aber meist sind es entweder die Mütter oder die Väter, aber nie beide zugleich. Kaulquappen sind allesamt Scheidungskinder. Bei den Erdbeerfröschen *(Oophaga pumilio),* die zu den Pfeilgiftfröschen zählen, kümmert sich beispielsweise das Männchen nach dem Laichen um die Eier und bewahrt sie permanent vor dem Austrocknen, indem es mit seiner Kloake Wasser herbeischafft. Nach dem Schlüpfen ist die Mutter an der Reihe: Sie nimmt die Kaulquappen auf den Rücken und setzt jede einzeln in einer mit Wasser gefüllten Bromelienblüte ab, wo sie sie regelmäßig wieder aufsucht und unbefruchtete Eier als Nahrung für sie ablegt.

Ein weiterer fürsorglicher Froschpapa ist das Männchen des australischen *Assa darlingtoni,* der die Kaulquappen gleich nach dem Schlüpfen bis zur Metamorphose in zwei auf Beckenhöhe befindlichen Beuteln aufnimmt. Bei der südamerikanischen Gattung der Beutelfrösche *(Gastrotheca)* sind dagegen die Weibchen mit einem Beutel für Eier und Kaulquappen ausgestattet. Man nimmt an, dass es durch den Beutel zwischen Muttertier und Jungen, ähnlich wie bei einer Plazenta, zu einem regelrechten Gasaustausch kommt.

Besonders extrem ist der Fall der Großen Wabenkröte (*Pipa pipa*): Gleich nach der Paarung verteilt das Männchen die befruchteten Eier auf dem Rücken seiner Partnerin. Die Rückenhaut des Weibchens dehnt sich und umschließt die Eier, sodass sie am Ende von einer Hautschicht bedeckt werden. In diesen mit Flüssigkeit gefüllten Hautkapseln entwickeln sich die Kaulquappen, und ihre Bewegungen sind durch die Rückenhaut der Mutter zu erkennen, bis schließlich, nach erfolgter Metamorphose, die junge Kröte ihre Kapsel durchbohrt, um hinauszugelangen und ihr Erwachsenendasein zu beginnen.

Das Weibchen des chilenischen Darwin-Nasenfrosches (*Rhinoderma darwinii*) legt rund 40 Eier, die in dem zu diesem Anlass sich weitenden Kehlsack des Männchens aufbewahrt werden. Im Unterschied zu den Buntbarschen schützt das Nasenfroschmännchen die Embryonen nicht nur, sondern füttert sie auch mit einer von ihm produzierten klebrigen Substanz, die ihnen als Nahrungsgrundlage dient, sobald der Eidotter verbraucht ist. Am Ende der embryonalen Entwicklung verlassen die jungen Frösche den Kehlsack durch das Maul des Vaters, und dieser kann nun endlich wieder seinen Froschgesang aufnehmen.

Den außerordentlichsten Fall stellt der einst in Australien lebende, inzwischen ausgestorbene, zu den Magenbrüterfröschen zählende *Rheobatrachus silus* dar, dessen Weibchen Eier und Kaulquappen im Magen aufbewahrten. Während der Tragzeit nahm das Froschweibchen offensichtlich keine Nahrung zu sich, und der Magen produzierte so lange keine Verdauungssäfte mehr, bis die kleinen

Fröschchen fertig entwickelt waren und Magenkontraktionen vergleichbar mit den Kontraktionen der Gebärmutter zur »Geburt« (dem Erbrechen?) der Jungen durch den Mund führten. Diese Froschart ist derart außergewöhnlich, dass man ein Forschungsprogramm, das sogenannte Lazarus-Projekt, ins Leben gerufen hat, um sie zu klonen und die Art wieder zum Leben zu erwecken. Dabei kommt diesmal zum Ausbrüten kein Froschmagen, sondern ein Reagenzglas zum Einsatz.

Eine weitere (bis auf ein bekanntes noch lebendes Männchen) praktisch ausgestorbene Froschart ist der zu den Laubfröschen zählende *Ecnomiohyla rabborum*. Das Männchen hat ein eigenes Revier und verbringt die meiste Zeit damit, quakend seinen Bau, eine mit Wasser gefüllte Baumhöhle, zu bewachen. Sobald sich ein Weibchen von den stimmlichen Fähigkeiten eines Männchens überzeugen lässt (oder ließ?), legt es die befruchteten Eier in der Baumhöhle ins Wasser und überlässt sie – was für eine Rabenmutter! – ihrem Schicksal. Zum Glück gibt es den Vater, der sich in wirklich beachtlicher Weise um den Nachwuchs kümmert: Er lässt sich von den Kaulquappen buchstäblich fressen. Tagsüber, wenn er sich von seiner nächtlichen Insektenjagd erholt, legt er sich in die Pfütze in dem Baum und gestattet den Kaulquappen, Stückchen von seiner Haut abzuknabbern, ein Verhalten von Amphibien, das dem Säugen ziemlich nahekommt.

Vergleichbares ist bei keinem anderen Frosch, dafür aber bei den Schleichenlurchen beobachtet worden: Der ovipare Schleichenlurch *Boulengerula taitanus* hütet seine Eier auf liebevolle Weise. Wenn die Jungen schlüpfen, sind sie mit speziellen Zähnen ausgestattet, um die äußere Hautschicht der Mutter abzuknabbern und sich davon zu ernähren. Normalerweise ist die Haut bei dieser Schleichenlurchart weich und glatt, aber bei einem Weibchen, das gerade Nachwuchs bekommen hat, verdickt sie sich und ist plötzlich – genau wie Muttermilch – reich an Fetten und allen übrigen für einen jungen Schleichenlurch nötigen Stoffen. Doch damit nicht genug: 30 Prozent der viviparen Schleichenlurche versorgen ihren Nachwuchs mit dem Epithel, das die Eileiter innen umschließt und das die Jungen mithilfe ihrer Zähnchen schichtweise lösen. Die Tragzeit der Mutter mit den kleinen Kannibalen im Uterus dauert rund zwölf Monate, während derer sich die Jungen sowohl von der Uterusschleimhaut als auch von der sogenannten Uterusmilch, einem von endokrinen Drüsen abgesonderten flüssigen Sekret ernähren. Am Ende der Entwicklung verwandeln sich die Kiemen der Kleinen in zwei riesige Gewebeschichten, mit denen der Embryo – ähnlich wie bei der *Placenta epitheliochorialis* der Säugetiere – an der Uteruswand verankert und mit dieser verbunden wird. Sollten Ihnen die Parallelen zu den Säugetieren noch nicht genügen, sei darauf verwiesen, dass es wie bei den Beutelsäugern auch Schleichenlurche mit Beutel gibt.

Die einzigen Reptilien, die auch nach dem Schlüpfen der Jungen Brutpflege betreiben, sind Krokodile. Weit davon entfernt, ihre Jungen zu fressen und anschließend Krokodilstränen zu vergießen, bewachen die Weibchen rund 80 Tage lang ihre Eier. Die Nester werden mit viel Geschick in der Nähe von Wasser gebaut und die Eier mit reichlich Pflanzenmaterial abgedeckt und gepolstert, um die richtige Feuchtigkeit und Temperatur zu halten. Droht das Nest zu trocken zu werden, spritzt das Muttertier mit den Beinen Wasser darauf. Wenn die Jungen schlupfbereit sind, geben sie ein zartes Zwitschern von sich, das die Mutter anlockt. Sie schafft die Pflanzenteile aus dem Nest, legt die Eier frei, hilft den Kleinen behutsam beim Schlüpfen, entfernt mit ihren mächtigen Kiefern Schalenreste und schleppt die Jungtiere schließlich mit dem Maul ins Wasser. Mindestens fünf Wochen lang eilt das Muttertier auf den Ruf der Kleinen herbei, wenn diese in Gefahr sind, und schleppt sie weiterhin mit dem Maul herum. Nur um ihre Ernährung kümmert sie sich nicht.

Kinder sind das Größte.
Teil zwei für Fortgeschrittene

Abgesehen von Großfußhühnern und Kuckucken betreiben alle Vögel und alle Säugetiere umfangreiche Brutpflege. Die Vertreter dieser beiden Wirbeltierklassen müssen sich in jedem Fall um die Entwicklung ihres Embryos kümmern, weil sie homöotherm sind, also eine konstante und verglichen mit der Umwelt relativ hohe Körpertemperatur haben. Wenn sie das Ei oder den Embryo sich selbst überließen, würde dieser sterben, da er die eigene Körperwärme noch nicht regulieren kann. Deshalb sind Großfußhühner so versessen auf ein warmes Nest.

Vögel und Säugetiere sind auch nach der Geburt vorbildliche Eltern, wobei die Brutpflege je nach Art von wenigen Wochen bis zu 40 Jahren dauern kann. In letzterem Fall ruft das Muttertier der betreffenden Art jeden Abend bei dem Embryo an, um zu erfahren, ob er gegessen hat, und um ihn zu ermahnen, sich bei Kälte warm anzuziehen.

Bei den Vögeln gibt es Nesthocker und Nestflüchter. Nestflüchter kommen mit Federn und offenen Augen zur Welt. Die Eltern brauchen sie bloß vor Gefahren schützen und ihnen, falls es Wasservögel sind, das Schwimmen sowie natürlich die Nahrungsbeschaffung beibringen. Im Extremfall kann das mehrere Monate dauern. So ernährt sich beispielsweise der Austernfischer in erster Linie von Muscheln, zumeist Miesmuscheln, oder von anderen Weichtieren, und während ein erwachsener Vogel innerhalb von einer Minute eine Miesmuschel öffnet, braucht ein unerfahrenes Jungtier dafür mehrere Stunden. Diese Tätigkeit müssen die Kleinen durch monatelanges mühsames Üben unter der Aufsicht eines Erwachsenen erlernen. Auch junge Raubtiere lernen das Jagen von den Eltern, und zwar auf ganz ähnliche Art wie unsere Hauskatzen, die ihren Katzenjungen zunächst tote, dann verletzte und zum Schluss quicklebendige Beute vorsetzen. Die Vogeleltern von Nesthockern müssen, bevor sie ans Unterrichten denken, die kleinen, nackten und blinden Küken erst einmal aufziehen. Dazu ist oft der aktive Einsatz beider Elternteile nötig.

Auch Säugetiere sind ausgezeichnete Eltern, aber selbst

hier gibt es Ausnahmen und Rabenmütter. Am schlimmsten sind die Spitzhornmütter. Diese merkwürdigen, an eine Kreuzung aus Spitzmaus und Eichhörnchen erinnernden Geschöpfe sind möglicherweise direkt mit dem für alle Säugetiere grundlegenden Entwicklungsstrang verknüpft. Sie weisen sowohl primitive als auch hoch entwickelte Merkmale wie etwa ein sehr großes Gehirn auf. Die Mutter bringt die Jungen (je nach Art ein bis drei) nicht im eigenen, sondern einem fremden Bau zur Welt und verschwindet gleich darauf. Ein paar Tage später kehrt sie zurück, säugt die Kleinen 5 bis 10 Minuten lang und verschwindet erneut, ohne sie zu reinigen. Nach zwei Tagen kommt sie wieder, bleibt fünf Minuten und ist wieder weg. So geht das rund einen Monat, bis die Jungen ihre eigenen Wege gehen. Man hat ausgerechnet, dass die Mutter von der Geburt bis zur Entwöhnung insgesamt nicht mehr als anderthalb Stunden bei ihren Jungen verbringt. Der eigene Nachwuchs wird an Geruchsmerkmalen erkannt, doch wenn man diese im Kontext von Verhaltensexperimenten zum Verschwinden bringt, erkennt die Mutter ihre Jungen nicht mehr und frisst sie auf. Es liegt auf der Hand, dass die Kleinen bei so wenig mütterlicher Fürsorge rasch heranwachsen müssen, und da – anders als bei anderen Säugetieren – kein Muttertier sie wärmt, muss die Nahrung für entsprechende Wärme sorgen: Deshalb ist die Spitzhornmilch extrem nährstoffreich. Am anderen Ende der Skala befindet sich die Mutter mit dem 40-jährigen Embryo, auf die vorhin angespielt wurde, und dazwischen liegen alle möglichen weiteren Abstufungen.

Über Dinosaurier ist wenig bekannt, aber in einem Fall wurde ein versteinertes Nest mit gerade schlüpfenden Jungen sowie ganz in der Nähe im selben Fels eine versteinerte Schlange gefunden. Die Hypothese lautet, dass sich die Schlange nicht derart dem Nest hätte nähern können, wenn das Muttertier in der Nähe gewesen wäre. Doch diese Annahme lässt die vermutlich traumatisierenden Umstände außer Acht, die zur Versteinerung des Nestes geführt haben dürften, und ebenso unberücksichtigt bleiben andere mögliche Gründe für die Nähe der Schlange. Bedenkt man, dass sowohl Krokodile als auch Vögel, also die engsten lebenden Verwandten der Dinosaurier, Brutpflege betreiben, ist nicht einzusehen, weshalb den Babydinos eine entsprechende Fürsorge vorenthalten geblieben sein soll. Einzige Ausnahme sind wohl die Riesendinosaurier, da es aufgrund der Größenverhältnisse zwischen Mutter und Kind von bisweilen 1:2500 vielleicht Probleme gegeben hat. Für einen winzigen Brontosaurus war das Risiko, in der Nähe der Mutter einen heftigen Tritt abzubekommen, wahrscheinlich zu groß.

Mütter & Väter

Von den Brutpflege betreibenden Fischarten kümmern sich immerhin 61 Prozent der Männchen um ihren Nachwuchs, bei Amphibien sind es rund 50 Prozent, bei Reptilien gar keine, während bei den Vögeln die Männchen zwar oft ihren Beitrag leisten, allerdings immer nur gemeinsam mit den Weibchen[14], und die Säugetiermännchen sich schließlich eher rar machen. Kurz gesagt sind für Fischkinder Väter wichtiger als Mütter, für Amphibien und Vögel sind sie gleichbedeutend, wobei Amphibienväter oft alleinerziehend sind, Reptilien sind insgesamt die am wenigsten aufmerksamen Eltern, und für Säugetiere spielen Väter auch keine sonderlich große Rolle.

Bei Fischen und Amphibien ist ein Zusammenhang zwischen der Art der Befruchtung und der Brutpflege aufgezeigt worden. Die Brutpflege der Männchen geht mit äußerer Befruchtung, die der Weibchen mit innerer Befruchtung einher. Die Annahme, männliche Brutpflege habe mit der Reihenfolge zu tun, in der die Keimzellen abgesondert werden (der Erste, der die Spermien oder Eier produziert, macht sich aus dem Staub und überlässt das Zeug dem anderen), oder damit, wie gesichert die Vaterschaft ist, hat aber bei diesen beiden Wirbeltierklassen wenig Bestand. Wenn die Absonderung der Keimzellen gleichzeitig erfolgt, geht die Brutpflege in 78 Prozent der Fälle zu Lasten der Väter, und was die gesicherte Vaterschaft betrifft… *mater semper certa est.*

Bei Säugetieren und bei den Schleichenlurchen tragen die Weibchen die Hauptlast der elterlichen Fürsorge, oder sie teilen diese auf die ein oder andere Weise mit den Männ-

---

14 Eine bekannte Ausnahme bilden die Kaiserpinguine, bei denen das Männchen während der langen kalten Polarnacht ohne jegliche Nahrungsaufnahme das Ei ausbrütet, während sich das Weibchen im Meer erholt, um im Frühling den nunmehr erschöpften Partner abzulösen und sich von nun an um das Junge zu kümmern.

chen, wobei die Befruchtung stets innerlich erfolgt. Um es endgültig kompliziert zu machen, wird dagegen bei den Vögeln, die zwar nominell ebenfalls auf interne Befruchtung, in Wahrheit jedoch auf den »Kloakenkuss« zurückgreifen, die Brutpflege aufgeteilt. Es ist mit anderen Worten wenig wahrscheinlich, ein für alle Wirbeltiere geltendes Kriterium zu finden, auf das sich das Evolutionsgericht stützen könnte, um die Kinder der Mutter oder dem Vater zuzusprechen.

An dieser Stelle sei eine kurze Erläuterung eingefügt: Man muss zwischen der *Fortpflanzungsleistung,* also der insgesamt von beiden Geschlechtern für die Fortpflanzung aufgebrachten Energie einerseits und der *Brutpflege,* also der in die Aufzucht der Jungen gesteckten Leistung, andererseits unterscheiden. Während Ersterer stets Rechnung zu tragen ist, fällt Letztere nur in den Fällen ins Gewicht, in denen die Embryonen oder Jungtiere großgezogen werden.

Meist ist die in die Fortpflanzung gesteckte Energie für beide Geschlechter gleich, und die größeren Anstrengungen beispielsweise des Männchens bei der Balz werden durch die Stoffwechselleistung des Weibchens bei der Ablage einer bestimmten Zahl von Eiern oder bei der Brutpflege ausgeglichen. Es gibt jedoch Ausnahmen. So hat man zum Beispiel nachgewiesen, dass bei den Buntbarschen die Leistung der Weibchen, die als orale Brutkästen herhalten, höher liegt als bei den Männchen, wenn man für beide Geschlechter und bei vielen verschiedenen Arten das Zeitintervall zwischen einem Gelege und dem nächsten beobachtet. Ein weiteres Beispiel liefern die Seeelefanten, bei denen die Männchen die meiste Zeit damit verbringen, zu- zunehmen und zu wachsen, gegen Feinde zu kämpfen, sich mit verschiedenen Weibchen zu paaren und hier- und dort- hin zu eilen, um sicherzustellen, dass niemand in das eigene Revier eindringt, während die Weibchen faul am Strand he- rumliegen und schlafen. Dafür ist die Milch der Seeelefan- tenkühe eine der nährstoffreichsten überhaupt, und um- sonst ist nun mal nichts zu haben. Reichen jedoch Milch und Tragzeit aus, um die Anstrengungen der Männchen vollständig auszugleichen? Offenbar nicht, wie die längere Lebensdauer der Weibchen nahelegt.

Unklar bleibt nach wie vor, was eigentlich das Spitz- hornmännchen treibt, das sich noch seltener blicken lässt als seine Partnerin und nicht mal ein besonderes Fellkleid oder einen zu beschützenden Harem hat. Vermutlich ist es ständig auf der Suche nach einem Weibchen unterwegs, um seine Chancen auf Vaterschaft zu steigern. Es setzt alles auf die Weitergabe seiner Gene und lässt die Brutpflege völlig unter den Tisch fallen. Die Lasten der Fortpflanzung sind also nicht immer gerecht unter den Geschlechtern verteilt.

Brutpflege ist harte Arbeit, aber jemand muss sie erledi- gen, wenn es darum geht, die eigenen Gene weiterzugeben. Wie so oft bei Gruppenarbeit gibt es immer irgendwelche Nutznießer, die weniger Beitrag leisten und dennoch das gleiche Ergebnis erzielen. Solange das evolutionär gesehen funktioniert, ist es in Ordnung.

Wenn man sich einsam fühlt:
Sex selbstgemacht

Selbstbefriedigung ist in unserer Gesellschaft stets ein Tabuthema gewesen, was insbesondere dem Einfluss der monotheistischen Religionen geschuldet ist. Noch vor wenigen Jahrzehnten galt sie, wann immer das Gespräch darauf kam, als perverse, verwerfliche Praktik eines kranken oder minderwertigen Geistes oder gar als schwer gesundheitsschädigend. Pfarrer warnten davor, sie führe zum Erblinden, und Karl Friedrich Burlach, ein Physiologe aus dem 19. Jahrhundert, behauptete sogar, dass sie Erektionsstörungen und Unfruchtbarkeit verursachen könne. In jedem Fall eine beklagenswerte und zu behandelnde Krankheit. Während Masturbation bei Männern angeblich einer mentalen Schwäche geschuldet ist, bleibt das Phänomen bei Frauen ein absolutes Rätsel, über das man selbst heute kaum spricht.

Vor einem solchen Hintergrund ist es natürlich schwer vorstellbar, dass Masturbation auch bei anderen Säugetieren eine gängige Praxis sein könnte, denn Selbstbefriedigung würde dadurch automatisch zu einem Bindeglied zwischen Mensch und Tier. Somit wäre die Sündenethik überwunden, und das Podest, auf dem wir stehen, geriete ins Wanken, da wir uns plötzlich in der Klasse der Säuger

inmitten all der anderen »nicht intelligenten« Tiere wieder-
finden würden. Auch wenn Masturbation als niederer Akt
gilt, wollen wir ihn doch unbedingt als »menschliches« und
keinesfalls »tierisches« Verhalten betrachten, da andernfalls
zu den Schuldgefühlen noch der uns unerträgliche Verlust
der Selbstachtung hinzukäme.

Dennoch scheint Masturbation unter Säugetieren eine
weitverbreitete Praxis zu sein. Bei fast allen Ordnungen dieser Klasse hat man Formen der Selbststimulation des Penis
oder der Klitoris beobachten können. Säugetierweibchen
sind immer mit einer Klitoris ausgestattet, und soweit wir
wissen, dient diese einzig und allein dem Lustempfinden.

Alle Primaten – sowohl Menschenaffen als auch die kleineren Arten, sowohl Männchen als auch Weibchen – praktizieren Selbstbefriedigung und benutzen dazu Hände,
Mund, Greiffüße oder Gegenstände, und die Neuweltaf-
fen sogar den Greifschwanz. Unübertroffene Meister sind
in dieser Hinsicht offensichtlich die Bonobos, da Sexualität bei ihnen, mehr noch als bei uns, die Grundlage aller
sozialen Beziehungen bildet. Frans de Waal beschreibt in
seinem Buch *Unsere haarigen Vettern. Neueste Erfahrungen
mit Schimpansen* ein Schimpansenweibchen, das nicht nur
eindeutig homosexuelle Verhaltensweisen an den Tag legte,
sondern darüber hinaus in der Zwischenbrunst masturbierte: »Obwohl Selbstbefriedigung bei Affen in Gefangenschaft eine wohlbekannte, häufig beobachtete Erscheinung
darstellt, steht Puist mit dieser Gewohnheit innerhalb […]
[ihrer] Gruppe allein da. Merkwürdigerweise befriedigt sie
dieses Bedürfnis nur, wenn sie sich nicht in der ›rosaroten

Periode‹[15] befindet, und führt dabei eine Minute lang rasche Fingerbewegungen durch die Vulva aus. Ihr Gesicht verrät keinerlei Emotion, doch muss ihr dies offenbar behagen, da sie es andernfalls vermutlich unterließe.«

Die Orang-Utan-Weibchen sind dafür bekannt, sich zum Masturbieren entsprechend geformter Lianen zu bedienen, und das Interessanteste daran ist, dass die Verwendung dieses »Urwald-Dildos« mittels Vorbild, also gewissermaßen »kulturell«, überliefert wird. Schimpansen sind noch einfallsreicher und verwenden Blattsammlungen, Steine oder Stöckchen. Für Tiere, deren Vorderpfoten sich zum Greifen eignen, ist es ein selbstverständlicher Akt. Unseres Wissens nach geht dieses Verhalten oft mit Gefangenschaft einher oder auch mit sexueller Frustration auf Grund mangelnder Paarungsmöglichkeiten (oder mangelnder Lust wie im Fall von Puist). Auch Bären im Zoo sind oft beim Masturbieren gefilmt worden. Getreu der für das Internet geltenden sogenannten Rule 34[16] gibt es gleich eine ganze Reihe von Youtube-Filmen über Hunde und Katzen, die in irgendeiner Form versuchen, sich selbst zu befriedigen, wobei vor allem Katzen (ebenso wie Löwen) nicht nur die Pfoten, sondern auch Gegenstände verwenden. Ich bin einmal einer Hündin begegnet, die genau dasselbe Verhalten an den Tag legte wie Puist: Sie lehnte es ab, sich mit einem Männchen zu paaren, gab sich anderen Weibchen gegenüber domi-

---

15 Das heißt zur Zeit des Eisprungs (Anm. d. Autors).
16 Sie lautet: »Wenn es irgendetwas gibt, existiert davon garantiert mindestens eine Pornoversion im Netz.«

nant, obwohl sie kleiner als alle anderen war, und masturbierte mit einer ganz bestimmten Decke in ihrem Körbchen. Leider habe ich nicht in Erfahrung bringen können, ob dieses Verhalten in den Phasen der Läufigkeit oder jeweils dazwischen erfolgte wie bei Puist. Allerdings glaube ich, dass es bei Hündinnen eher selten vorkommt – im Gegensatz zu ihren männlichen Partnern, deren Kunststückchen nur allzu gern in Form von Witzen oder bei Youtube zum Besten gegeben werden (wobei die zweibeinigen Herrchen ehrlich gesagt oft ziemlich boshaft sind).

Das Foto eines Kap-Borstenhörnchens *(Xerus inauris)*, das demonstrativ seinen gewaltigen, fast ein Viertel der Körpergröße messenden Hodensack zur Schau stellt, ist um die Welt gegangen. Vermutlich steckt schlicht und einfach männlicher Neid dahinter, denn scheinbar ist auch der Penis im Verhältnis gesehen nicht gerade klein. Die Forscherin Jane Waterman, die diese Tiere in Namibia erforscht, hat entdeckt, dass die gewaltigen Hoden (ein Merkmal, das übrigens allen Hörnchenarten wegen der dort herrschenden Spermienkonkurrenz eigen ist) mit der Angewohnheit zu masturbieren einhergeht. Waterman beschreibt diese Praxis wie folgt: »Es wurde ein Männchen beobachtet, das oral masturbierte, indem es den Kopf zu dem erigierten Penis hinunterbeugte und diesen in sein Maul nahm. Die Stimulation erfolgte sowohl durch das Maul (Fellatio) als auch durch die Vorderpfoten (Masturbation), während sich der untere Teil des Rumpfes stoßweise hin und her bewegte, bis es offensichtlich zur Ejakulation kam und das Ejakulat vom Männchen verzehrt wurde.«

Es ließen sich noch eine Menge weiterer Anekdoten aufzählen, angefangen bei Stachelschweinweibchen, die während der Brunst auf Stöckchen klettern, bis hin zu Walrossen, die mit ihrem kostbaren Familienschatz zwischen den Flossen herumspielen. Aber ich will mich auf zwei besonders aufschlussreiche Fälle beschränken, um dann zu interessanteren Themen zu kommen. Aufschlussreich insofern, als es um die Frage geht, was mit den Tieren ist, deren Anatomie eine Selbstbefriedigung im klassischen Sinn nicht zulässt. Verzichten sie darauf? Keineswegs.

In Delfinarien behelfen sich Wale und Delfine damit, den Penis an den Beckenwänden, an Seilen oder einem Wasserstrahl zu reiben, während Männchen und Weibchen in der freien Natur offenbar bewusst flache Gewässer mit runden Kieselsteinen aufsuchen, um in den Wellen schaukelnd Penis oder Klitoris daran zu reiben. Männliche Amazonasdelfine benutzen bisweilen eine der beiden Vorderflossen (oder im Extremfall einen geköpften Fisch), während die Weibchen versuchen, Gegenstände in die Tasche einzuführen, die bei diesen Säugetieren aus Gründen der Hydrodynamik die Vagina umschließt. Auch ist ein Fall bekannt, in dem ein Delfin einen Badenden mit seinem langen Penis erst »angebaggert« und dann »abgeschleppt« hat, aber das würde ich nicht unbedingt unter Selbstbefriedigung, sondern eher als einen Fall von Humanophilie verbuchen, falls es eine solche Entsprechung für unsere Zoophilie gibt.

Pferde, Esel, Rinder, Hirsche und sogar Elefanten müssen dagegen auf eine andere Technik zurückgreifen, da sie weder Pfoten noch Maul noch die Auftriebskraft des Wassers nutzen können. Bei den Männchen erfolgt die Erektion des Penis spontan. In einer überwachten Herde aus Ponys und Pferden wurde beobachtet, dass 83 Prozent der männlichen Tiere den Penis gegen den Unterleib prallen ließen, 57 Prozent hielten ihn fest an den Unterleib gedrückt, und bloß 13 Prozent halfen mit Beckenstößen nach. Außerdem gibt es noch die Variante der sogenannten *Dorsiflexion,* die in einer veränderten Winkelstellung und Krümmung des Penis besteht, ohne dass dieser den Bauch berührt.

Jahrelange aufwändige und kostspielige Studien, um letzten Endes nichts weiter zu tun als zuzuschauen, wie sich Pferde der Selbstbefriedigung hingeben.

Von den beobachteten Tieren gelangten nur 0,9 Prozent (vier von 447) zur Ejakulation, darunter zwei, bevor der Penis vollständig erigiert war. Ein Zuchthengst masturbiert im Schnitt vier Mal pro Tag, jedes Mal nur wenige Minuten. In 16 Prozent der Fälle gerät das Tier dabei in eine Art Trance und wirkt wie entrückt. Was Onanie bei Stuten betrifft, bin ich allerdings nicht auf dem Laufenden. Vor allem früher versuchte man, Pferde an solch einsamen Spielchen zu hindern, und zwar teils mit regelrechten Folterkammermethoden, die zu Verletzungen der Genitalien führen konnten. Man glaubte, dass es »falsches« Verhalten sei, das die Zeugungsfähigkeit der Hengste beeinträchtigen und den Anreiz zur Paarung mindern würde. Alles unbegründete, vom Menschen direkt auf Pferde übertragene Behauptungen, wobei übrigens garantiert weder die einen noch die andern jemals daran erblinden werden.

Elefantenkühe reiben sich an herabgefallenen Zweigen

Auch Schildkröten fühlen sich manchmal einsam.

oder stimulieren sich in den Zoos gegenseitig die Klitoris mit dem Rüssel. Elefantenbullen kommen in Gefangenschaft bisweilen in den Genuss, von Wissenschaftlern beehrt zu werden, die, wie bereits erwähnt, ihr Dasein damit fristen, um der Forschung oder künstlichen Befruchtung willen Spermien zu sammeln. Da haben es die männlichen Hirsche in puncto Selbstbefriedigung wesentlich einfacher, denn ihre Geweihspitzen sind erogene Zonen: Wenn sie diese an Pflanzen oder auch gegenseitig aneinander reiben, kann es zur Erektion und sogar Ejakulation kommen.

Selbstbefriedigung wird nicht bloß von Säugetieren praktiziert. So masturbieren beispielsweise Papageien in Gefangenschaft während der Paarungszeit, indem sie sich an Spielzeug, dem Käfiggitter oder an ihrem Lieblingsmenschen reiben. Manche stoßen dabei einen besonderen, nur zu diesem Anlass verwendeten Laut aus. Es wird sogar von einem Papageienweibchen berichtet, das während des Masturbierens männliche Lockrufe ausstieß. Auch diesen Tieren werden offenbar Moralvorschriften aufgezwungen, und ihre Besitzer versuchen, die Tiere von solch vermeintlich sündigen Handlungen abzuhalten, indem sie ihnen (im wahrsten Sinne des Wortes) die »Objekte der Begierde« entziehen. In freier Wildbahn benutzen Vögel übrigens Grasbüschel oder Erdhügel, um sich an den entsprechenden Stellen zu stimulieren.

Selbst die behäbigen Schildkröten masturbieren. Als ich entsprechende Videoaufzeichnungen gesehen habe, hat es mir regelrecht die Sprache verschlagen.

Kommen wir nun zu der in meinen Augen eigentlich interessanten Frage: Welche ethologische und evolutionäre Funktion hat die Masturbation?

Letzten Endes scheint es eine gewaltige Verschwendung von Energie (für beide Geschlechter) und von Ressourcen (für die Männchen) zu sein, man könnte auch sagen, ein gänzlich ins Leere laufendes Bemühen, und dennoch ist dieses Verhalten im Lauf der Zeit nicht nur erhalten geblieben, sondern hat sich unter den verschiedenen Arten weiter verbreitet. Es sind zahlreiche Hypothesen aufgestellt worden, um zu einer vernünftigen Erklärung zu gelangen. Die »klassische« Begründung für männliche Onanie ist folgende: In den Hoden werden permanent und ununterbrochen Keimzellen produziert, was zu einer Anhäufung von noch nicht ejakulierten Spermien führt. Spermien sind empfindliche, kurzlebige Zellen, die immer intakt und mit einsatzbereiten Schwänzchen versehen sein müssen, um die Chancen auf Befruchtung der Eizelle zu steigern, vor allem dort, wo es zu Spermienkonkurrenz mehrerer Männchen untereinander kommt.

Während also nach und nach neue Spermien produziert werden, gelangen die alten allmählich nach draußen, dorthin, wo sie keinen Schaden anrichten können. Laut dieser Erklärung hätten wir es also mit einem Evolutionsmechanismus zur Überlebenssicherung des geeignetsten Spermiums zu tun. Der Haken an der Argumentation ist, dass Masturbation auch von den Tieren praktiziert wird, bei denen es nicht zu Spermienkonkurrenz kommt, wie etwa bei Gorillas, Walrossen oder Pferden, deren Männchen zur Sicherung der Vaterschaft lieber gegeneinander zum Kampf antreten, als auf Spermienkonkurrenz zu setzen. Darüber hinaus gibt es bisher noch keinen stichhaltigen Beweis dafür, dass Masturbation tatsächlich die Chancen auf Vaterschaft steigert. Jane Waterman, die wie erwähnt das Masturbationsverhalten von Kap-Bürstenhörnchen beobachtet hat, vermutet, dass es sich vielmehr um eine Methode handelt, die Samenleiter von Bakterien und anderen, durch Geschlechtsverkehr übertragenen Krankheitserregern zu reinigen. Zum einen durch »Handwäsche« von außen, zum anderen durch Spülung der Wege im Körperinneren. Auch in diesem Fall gibt es keine Belege dafür, dass besonders eifrig Masturbierende gesünder wären, und vor allem bleibt die Selbstbefriedigung bei Weibchen ungeklärt, bei denen all diese Argumente nicht greifen.

Meines Erachtens gib es eine viel einfachere Erklärung:

Man schreibt das Jahr 1954. Die beiden Neurophysiologen James Olds und Peter Milner erforschen die Retikulärformation des Gehirns mithilfe von Elektroden, die Meerschweinchen und Mäusen ins Gehirn implantiert wurden. Eines Tages implantieren sie einer Maus aus Versehen eine Elektrode an einer anderen Stelle. Bei dem Experiment saß die mit der Elektrode versehene Maus in einer großen Kiste, deren Ecken mit den Buchstaben A, B, C und D gekennzeichnet waren. In Ecke A wurde der Maus über die Elektrode ein leichter Elektroschock versetzt, sodass das Tier diesen Bereich eigentlich hätte meiden müssen. Die Maus mit der falsch platzierten Elektrode hielt sich jedoch alles andere als fern, sondern suchte die Ecke im Gegenteil immer wieder auf, und als der Bereich, von dem der Elektroimpuls ausging, geändert wurde, folgte die Maus ihm dorthin. Das ging so weit, dass das arme Tier, nur um der Stimulation willen, die Nahrungsaufnahme vergaß, selbst wenn man es nach längerem Fasten vor die Wahl stellte. Daraufhin konstruierte man für das Tier einen Schalter, den es drücken musste, um selbst für besagte Stimulation zu sorgen. Die Maus drückte den Schalter alle fünf Sekunden, um einen Impuls von einer Sekunde auszulösen, und fuhr damit fort, bis ihre Kräfte versagten. So kam es zu der Entdeckung einer allein dem Lustempfinden vorbehaltenen Region im Gehirn, die bei der Maus durch die Elektrode aktiviert wurde. Bei anschließenden Experimenten mit Menschen wurde beobachtet, dass Acetylcholin, das mithilfe einer implantierten Kanüle in einen bestimmten Bereich des Septums injiziert wurde, zu äußerst intensivem Lustempfinden und multiplen Orgasmen von bis zu einer halben Stunde führte. Die Stimulierung des Septums ist der Auslöser für Lustempfinden, und alles, was zu einem elektrischen Potential in diesem Bereich führt, ist erwünscht und begehrenswert, weil befriedigend.

Die Moral von der Geschichte ist, dass nicht nur Menschen, sondern auch Tiere nach Lustempfinden und entsprechender, etwa durch einen Orgasmus erzielter Befriedigung streben.

Orgasmen sind wiederum ein Mittel, um Tiere zu der für die Paarung nötigen Energieaufwendung zu veranlassen, da ihnen als Lohn Befriedigung winkt. Weshalb sollte man all die Unannehmlichkeiten des Geschlechtsverkehrs in Kauf nehmen, wenn man dabei keine Lust empfinden würde? Das Henkersbeil der natürlichen Selektion war in diesem Sinne offenbar ziemlich wirksam und hat unter den besonders »gut angepassten« Tieren die mit immer intensiveren Orgasmen ausgewählt. Wenn es an der Möglichkeit zur Paarung hapert (etwa weil man ohne Partner im Zoo lebt, weil man ein nicht dominantes Tier ist, weil man in der Zwischenbrunst ist oder einfach, weil man gerade keine Lust hat, auf Partnersuche zu gehen), so ermöglicht einem die Masturbation doch zumindest die Stimulation jenes Septumareals im Gehirn, das mit dem Lustempfinden verknüpft ist.

Die Ausgangsfrage müsste eigentlich umgekehrt gestellt werden: Weshalb masturbieren Tiere so wenig und machen es nicht wie das arme Mäuschen mit der Elektrode im Gehirn? Ich denke, es liegt daran, dass sie noch weitere Prioritäten haben, um zu überleben. Und zu den Tieren zähle ich übrigens, wie ich immer wieder gern betone, auch den *Homo sapiens*.

Homosexualität, ein reines Naturprodukt

Homosexualität beim Menschen wurde je nach Kultur und historischem Zeitpunkt gebilligt, kultiviert oder abgelehnt. Die derzeit in der westlichen Welt sowie im Nahen und Mittleren Osten vorherrschende und durch die Vorschriften der drei großen, monotheistischen Religionen geprägte Ethik neigt eher dazu, sie als »widernatürlich« abzulehnen, wenn man von den Entwicklungen der letzten paar Jahrzehnte in einigen mittel- und nordeuropäischen Staaten einmal absieht.

Die Bezeichnung »widernatürlich« suggeriert, es würde sich um eine unserer Spezies eigene Verhaltensabweichung handeln, die in der restlichen natürlichen Welt – zu der wir uns immer nur dann zählen, wenn es uns gerade passt – nicht zu finden sei. Andererseits sind wir die einzige Spezies, die Düsenjets fliegt, Zigaretten raucht und Urlaub auf dem Kreuzfahrtschiff macht, aber das gilt normalerweise nicht als widernatürlich.

Ziel dieses Kapitels ist die Klärung der Frage, ob Homosexualität eine Besonderheit der Menschen ist, und vor allem, ob sie im Widerspruch zu den in der Biologie und somit der Evolution herrschenden Gesetzen steht, und ob es einen stichhaltigen Grund gibt, sie als widernatürlich zu betrachten.

Homosexuelle Verhaltensweisen sind bei rund 1500 Tierarten, sowohl Wirbeltieren als auch Wirbellosen wie Würmern und Wanzen, beobachtet worden, und ein Drittel dieser Fälle ist gut dokumentiert. Doch zunächst ist es angebracht zu definieren, was in diesem Kontext unter *Homosexualität* zu verstehen ist. Mit homosexuellen Verhaltensweisen meine ich Sexualakte oder sexuelle Präferenzen zwischen Tieren desselben Geschlechts, aber auch Interaktionen zwischen zwei nicht miteinander verwandten Individuen desselben Geschlechts, zu denen es, wie beispielsweise beim Aufziehen der Jungen, für gewöhnlich zwischen den verschiedenen Geschlechtern kommt.

So können etwa männliche Delfine Sex miteinander haben und ein Leben lang als Paar zusammenbleiben und dabei gleichzeitig, um der Fortpflanzung willen, auch mit Weibchen verkehren und zu diesem Zweck, wie bereits beschrieben, sogar bei der zeitweiligen Entführung eines Weibchens zusammenarbeiten. Sex zwischen zwei männlichen Delfinen ist oft ungehemmt und fantasievoll, aber er hat offenkundig nichts mit Fortpflanzung zu tun, sondern dient vielmehr der sozialen Festigung der Partnerschaft. Innerhalb der Delfingattung der *Tursiops* besteht über die Hälfte der sexuellen Bindungen aus Individuen desselben Geschlechts, die darüber hinaus nicht notwendigerweise derselben Art angehören müssen. Die Amazonasdelfine kopulieren unter anderem, indem sie den erigierten Penis in das Blasloch des Partners stecken, dem man nur wünschen kann, dass er gut im Luftanhalten ist. Delfine sind die wahren Satyrn des Tierreiches und würden daher eigentlich ein eigenes Kapitel verdienen.

Erdkrötenmännchen wiederum bespringen während der Paarungszeit alles, was ihnen über den Weg läuft, seien es Weibchen, die gerade mit anderen Männchen kopulieren, die Hände von Forschern, andere Krötenarten und manchmal sogar tote Weibchen. Da sie nicht unterscheiden, kann es vorkommen, dass sie hin und wieder auch ein anderes Männchen erwischen, denn in der kollektiven Orgie verliebter Kröten gilt es zu nehmen, was man kriegen kann. Das Männchen, das auf »widernatürliche Weise« zum Gegenstand der Begierde wird, spielt indes für gewöhnlich nicht mit und stößt einen besonderen Quakton aus, als wolle es sagen: »Ganz toll, aber da liegt ein Irrtum vor«, und damit ist die kurze Liebesgeschichte beendet. Zwischen diesen beiden Extremen gibt es alle möglichen Abstufungen.

So wurde beispielsweise vor Kurzem entdeckt, dass ein Drittel (genauer gesagt 31 Prozent) der in Hawaii beheimateten, in Kolonien und monogam lebenden Laysanalbatros-Paare homosexuell ist. Zwei nicht miteinander verwandte Weibchen gründen eine Familie, kooperieren Jahr für Jahr bei der Aufzucht der Jungen in ein und demselben Nest und bilden ein festes Paar. Die restlichen zwei Drittel der Paare bestehen dagegen aus einem Männchen und einem Weibchen. Wie bereits gesagt ist das Aufziehen der Jungen ein integrativer Bestandteil des Sexuallebens von Tieren. Folglich lässt sich, auch ohne dass es zwischen den beiden Albatros-Partnern zu sexuellen Handlungen im eigentlichen Sinne kommt, in gewisser Weise von einer homosexuellen Beziehung sprechen, denn die beiden Weibchen kuscheln miteinander und umwerben sich wie heterosexuelle Tiere. Jedes Weibchen des lesbischen Paares legt ein Ei ins Nest. Beide haben also offenbar regelmäßigen Geschlechtsverkehr mit Männchen, wobei sie sich für gewöhnlich dazu entschließen, nur ein Ei auszubrüten. Gleichermaßen wie es bei den aus Weibchen und Männchen bestehenden Paaren der Fall ist. Albatrosse verfügen offenbar nicht über hinreichende Ressourcen oder sind nicht entsprechend programmiert, um gleichzeitig zwei Küken aufzuziehen.

Homosexuelle Paare verzeichnen einen geringeren Fortpflanzungserfolg als heterosexuelle Paare, da weniger Küken schlüpfen. Weshalb kommt es dann zu dieser Konstellation? Wäre es nicht besser, sich mit einem Männchen zu liieren, wo es doch letztlich darum geht, die eigenen Gene weiterzugeben? Albatrosse gehören zu den Vögeln, die eine feste, dauerhafte Partnerschaft eingehen, aber in den beobachteten Kolonien gibt es nur 41 Prozent Männchen. Der Mangel an Männchen, vor allem an Männchen mit guten Genen, und der Wunsch nach Fortpflanzung haben offenbar zur Herausbildung lesbischer Neigungen geführt. Zwar pflanzen sich die aus zwei Weibchen bestehenden Paare weniger erfolgreich fort, aber wenn es diese Partnerschaften nicht gäbe, würden sie sich gar nicht fortpflanzen. Die betroffenen Individuen sollten daher ihr Glück in jedem Fall versuchen. Die Väter der in einer Lesbenehe zur Welt kommenden Küken sind meistens bereits fest liiert, und die Kleinen sind somit das Ergebnis eines Seitensprungs (Albatrosse legen augenscheinlich mehr Toleranz an den Tag als viele

Penetration des Atemlochs beim Geschlechtsakt zweier männlicher Amazonasdelphine.

Menschen). Fremdgehen mit einer Lesbe, die mit einer anderen Lesbe verheiratet ist, wäre bei uns ein Scheidungsgrund (vermutlich für beide involvierten Paare). Albatrosse beweisen dagegen einmal mehr, dass sie uns in sozialer Hinsicht voraus sind, und machen aus der Not eine Tugend. Eines der beobachteten lesbischen Paare war mindestens 19 Jahre lang zusammen, und auch unter diesem Gesichtspunkt könnten wir etwas von diesen Tieren lernen. Wir haben keine sehr weit zurückreichenden Daten, da Männchen und Weibchen bei den Albatrossen praktisch gleich aussehen. Um die beschriebenen Verhaltensweisen und die größte homosexuelle Community des Tierreichs zu entdecken, bedurfte es genetischer Analysen einer ganzen Population, und die Entdeckung erfolgte zufällig.

Aus demselben Grund wie die Albatrosse, wenn auch nicht ganz so häufig, bilden Westmöwen und Rosenseeschwalben lesbische Paare: Es fehlt ihnen an Männchen. Insgesamt kommt es bei mindestens 130 Vogelarten zu homosexuellen Verhaltensweisen. Besonders extrem sind die männlichen Stockenten, bei denen Fälle von nekrophiler Homosexualität belegt sind: Männchen kopulieren mit anderen, bereits toten Männchen, denn ein totes Männchen ist besser als gar nichts, wenn es gilt, während der Paarungszeit die Spannung abzubauen. Die Veröffentlichung dieser Entdeckung hat dem Autor den »prestigeträchtigen« Ig-Nobelpreis eingebracht.

Interessant sind in diesem Zusammenhang auch die in Australien vorkommenden Trauerschwäne: Ein Viertel der Paare ist homosexuell, und in diesem Fall sind die Partner männlich. Um sich fortzupflanzen, können diese entweder das Nest eines Heteropärchens okkupieren und die Eier in Beschlag nehmen oder eine Dreiecksbeziehung mit einem Weibchen eingehen. Eines der Männchen paart sich dabei mit dem Weibchen, das gleich nach der Eiablage aus dem Nest verscheucht wird. Die beiden Männchen kümmern sich liebevoll um das Ausbrüten der so erhaltenen Eier und um die Versorgung der Küken. Normalerweise haben sie einen größeren Fortpflanzungserfolg als heterosexuelle Paare, da es ihnen leichter fällt, große Land- oder Wassergebiete zu verteidigen und den Jungen somit ein weiträumiges und gut geschütztes Futterrevier zu sichern.

Pinguine und Geier aus den Zoos sind für ihre homosexuellen Verhaltensweisen bekannt. Aber Zoobewohner können in ihrem Verhalten – ähnlich wie Gefängnisinsassen – auch deshalb von der Norm abweichen, weil sie in Gefangenschaft leben und es an Individuen des anderen Geschlechts mangelt. Allerdings legen Adeliepinguine selbst in ihrer natürlichen Umgebung homosexuelles Verhalten an den Tag. Den einzigen uns vorliegenden vollständigen Bericht über die gesamte Fortpflanzungsperiode dieser Tiere verdanken wir George Murray Levick, einem Forscher, der einen ganzen Polarsommer lang in der größten Kolonie dieser Pinguine ausharren musste. Er gehörte zu der in einer Katastrophe endenden Expedition des Engländers Robert Scott, der zum Südpol vordringen wollte und bei diesem Versuch 1912 ums Leben kam. Levick war einer der wenigen Überlebenden der Mission, und da er keinen anderen Zeitvertreib hatte, brachte er haarklein

seine Beobachtungen der Pinguine zu Papier, einschließlich der in der damaligen Zeit als »verdorben« geltenden
Verhaltensweisen. Die heranwachsenden jungen Männchen
schlossen sich zu Banden von rund einem halben Dutzend
Individuen zusammen und paarten sich – möglicherweise
aus Mangel an Erfahrung oder aus Unfähigkeit, Signale zu
deuten – wie die Erdkröten mit allem, was sich am Rande
der Kolonie bewegte, seien dies andere Männchen, Küken
oder gar tote Weibchen. Levick notierte all das auf Alt-
griechisch, da er darin schwer verwerfliche Handlungen
sah, die nicht für jeden Leser bestimmt sein sollten. Von
Amundsen gerettet und zurück in der Heimat, verfasste er
unter dem Titel *Natural History of the Adélie Penguin* einen wissenschaftlichen Artikel, in dem er auch die homosexuellen Verhaltensweisen dieser Spezies beschrieb. Doch
diesen Teil strich man aus der Endfassung des Manuskripts
heraus, da der Inhalt – wir schreiben das Jahr 1912 – allzu
skandalös erschien. Er wurde Gegenstand eines zweiten Ar-
tikels *(Antarctic Penguins. A Study of their Social Habits)*,
den man wiederum nicht zu publizieren wagte. Wie ein
unanständiger Witz hinter vorgehaltener Hand machte er
heimlich die Runde unter den Experten, bis er schließlich
ein Jahrhundert später – 2012 – vom Kurator des Natural
History Museum in London wiederentdeckt und veröffentlicht wurde.

Reptilien sind, wie Levick oder Königin Victoria gesagt
hätte, sehr viel »unverdorbener« als Vögel, aber auch bei
ihnen ist zumindest ein Fall bekannt, der sich mit homosexuellem Verhalten in Verbindung bringen lässt. Mindes-

tens 15 amerikanische Echsenarten der Gattung *Aspidoscelis* pflanzen sich allein durch Parthenogenese fort, und noch nie ist irgendein Männchen in Erscheinung getreten. Dessen ungeachtet verzichten diese Tiere nicht auf die Freuden sexueller Beziehungen und behelfen sich dabei so gut es geht. Unmittelbar nach der Eiablage führt der erhöhte Progesteronspiegel dazu, dass die Weibchen sich mit einem Mal wie Männchen verhalten, andere Weibchen umwerben und wie zur Begattung »besteigen«. Kurz vor der Eiablage überwiegen dagegen die Östrogene, die Echsen verhalten sich wie Weibchen und akzeptieren die »Begattung«. Dieser in puncto Genaustausch zwar völlig überflüssige Fortpflanzungsakt ist insofern von Bedeutung, als er zum Zeitpunkt der Eiablage zu einem erhöhten Hormonspiegel führt, was wiederum die Ovulation anregt und somit zu größerer Fruchtbarkeit beiträgt. Zwar können auch isoliert gehaltene Weibchen Eier legen und sich fortpflanzen, aber sie sind dabei weniger erfolgreich und haben garantiert weniger Spaß.

Guppymännchen, die ohne Weibchen im Aquarium gehalten werden, können ebenfalls homosexuelles Verhalten an den Tag legen, aber im Allgemeinen sind Fischen durch die äußere Befruchtung Schranken auferlegt. Allerdings wechseln etliche Fischarten wie zum Beispiel der Clownfisch oder die zur Familie der Grundeln *(Gobiidae)* oder der Lippfische *(Labridae)* gehörenden Arten ihr Geschlecht, sobald sie das entsprechende Alter erreicht haben – und das ganz ohne Hilfe eines Schönheitschirurgen. Welche Art von Keimzellen produziert werden, unterliegt allein der Kontrolle der Hormone, denn in Wahrheit handelt es sich um sequenzielle Hermaphroditen. Hoffentlich verrät niemand Nemo, dass sein Papa bald zur Mama wird, denn das dürfte zu drastischen Einbußen beim Vertrieb des Films führen.

Ebenso wie für Vögel existieren für zahlreiche Säugetiere gut dokumentierte Fälle von Homosexualität, und zwar nicht nur für sehr intelligente und soziale Arten wie die Bonobos oder Delfine. Wer hätte gedacht, dass der europäische Iltis schwul oder lesbisch sein könnte? Obwohl diese Tiere Einzelgänger sind und die beiden Geschlechter nur während der Fortpflanzungszeit miteinander in Kontakt kommen, kann es zu Beziehungen zwischen zwei Männchen oder zwei Weibchen kommen. Bei diesen Pärchen lassen sich echte Sexualakte wie etwa Deckverhalten und Analpenetration beobachten – ein für einzeln lebende Fleischfresser einzigartiges Verhalten, das sich aus evolutionärer Sicht bisher noch nicht erklären lässt.

Die ebenfalls zu den Fleischfressern zählenden Katzen sind keine reinen Einzelgänger, sondern bilden bisweilen Kolonien, und unter streunenden Katzen hat man dominante Kater beobachtet, die gegenüber untergeordneten Katern Deckverhalten an den Tag legten. Normalerweise gilt das nicht als homosexueller Akt, sondern als Dominanzbekundung, da es auch bei kastrierten Katern zu beobachten ist. Bei unkastrierten Tieren kommt es zwischen zwei Männchen nur im Frühjahr, wenn die Weibchen rollig sind, zu Deckversuchen, während in der übrigen Zeit die Dominanz durch andere Methoden, etwa Reviermarkierungen, bekundet wird. Eine mögliche Erklärung dieses

Phänomens wäre, dass das dominante Männchen auf diese Weise versucht, das heterosexuelle Interesse des unterlegenen Männchens »auszuschalten«, indem es ihm eine alternative sexuelle Stimulierung bietet und damit den Wettbewerb um die Weibchen verringert. Ähnlich wie wir es von den Strumpfbandnattern kennen, die sich als Weibchen »verkleiden« und sich von anderen Männchen umwerben lassen, um sie abzulenken und selbst leichter an ein echtes Weibchen zu gelangen. Die Erklärung hält dahingehend nicht stand, als erstens ein dominantes Männchen kaum Probleme haben dürfte, einen unterlegenen Kater zu vertreiben, auch ohne ihn zu bespringen, zweitens auch kastrierte Männchen sich so verhalten und drittens nicht ganz einzusehen ist, wie ein aufgezwungener homosexueller Akt den Fortpflanzungsinstinkt eines unterlegenen Männchens hemmen sollte. Eine andere Möglichkeit wäre, homosexuelles Verhalten bei Katern als eine Folge sexueller Frustration auf Grund von Paarungsunwilligkeit des Weibchens zu deuten, aber am plausibelsten scheint mir – wie bei den Adeliepinguinen oder den Kröten –, es gewissermaßen als Nebenprodukt einer evolutionären Anpassung zu interpretieren, die zu einer erhöhten sexuellen Erregungsfähigkeit führt. Die Grundidee, »möglichst viele Treffer zu landen«, zahlt sich zwar evolutionär gesehen aus, hat aber zur Folge, dass man sich bei leichter sexueller Erregbarkeit und ohne Weibchen in der Nähe mit dem zufriedengeben muss, was gerade da ist, zumindest bei promiskuitiven Arten wie den Katzen. Analog dazu wurde auch bei Löwen, den Königen der Wälder, Deckverhalten unter den Männchen und über

einen bestimmten Zeitraum die Bildung gleichgeschlecht-
licher Gruppen oder Pärchen beobachtet, vermutlich, um
soziale Bindungen zu festigen. Dasselbe gilt übrigens für
Löwenweibchen.

Unter den Pflanzenfressern sind Widder die bekanntes-
ten Homosexuellen. In 8 bis 10 Prozent der Fälle weigern
sie sich hartnäckig, mit einem Weibchen zu verkehren,
und legen ausgeprägte Vorlieben für andere Männchen
an den Tag. Weitere 12 bis 18 Prozent der Schafböcke lehnen Geschlechtsverkehr mit irgendeinem anderen Tier
prinzipiell ab, und rund 20 Prozent sind bisexuell. Homosexuelles Verhalten bei Widdern beschränkt sich nicht nur
auf Hausschafe. Auch unter den Wildschafen der amerikanischen Rocky Mountains gibt es einen bestimmten Anteil an Widdern, die andere Männchen decken, penetrie-
ren und dabei zum Orgasmus gelangen. Der bei einem
solchen Akt unten befindliche Widder weist – wie sich
im Zusammenhang mit Tests zur Ermittlung der besten
Zuchttiere ergeben hat – unterschiedliche Grade der Toleranz auf. Die armen, vom Züchter per Zufall ausgewählten
Tiere werden in eine Box geschafft und festgebunden. Es
handelt sich eigentlich eher um eine Vergewaltigung, um
die sexuellen Neigungen des deckenden Widders zu be-
urteilen, und weniger darum, die Toleranzbereitschaft des
unteren Tiers zu testen. Weitere Pflanzenfresser mit nach-
weislich homosexuellen Verhaltensweisen sind Bisons,
Giraffen, Elefanten, Koalas und natürlich etliche Primaten, wie zum Beispiel die Japanmakaken oder der allesfres-
sende *Homo sapiens*.

Wir Menschen sind aus naheliegenden Gründen die am gründlichsten erforschten Tiere und legen alle denkbaren Verhaltensvarianten an den Tag. Entsprechend wurde eine Skala, die sogenannte Kinsey-Skala, erstellt, mit deren Hilfe der Sexualtyp eines Menschen ermittelt werden kann: 0 bedeutet ausschließlich heterosexuell und 6 ausschließlich homosexuell. Im Gegensatz zu den Widdern lässt sich jedoch die Häufigkeit von Homosexualität beim Menschen eben deshalb schwer abschätzen, weil es alle möglichen Zwischenabstufungen gibt und die Antworten bei entsprechenden Umfragen obendrein nicht immer glaubwürdig sind. Laut der Ergebnisse des Kinsey-Reports, der sich auf in den USA durchgeführte Befragungen stützt und zwischen 1948 und 1953 veröffentlicht wurde, hatten 37 Prozent der Männer und 13 Prozent der Frauen mindestens einmal in ihrem Leben einen Orgasmus in Zusammenhang mit einem gleichgeschlechtlichen Verhältnis. 11,7 Prozent der Männer und sieben Prozent der Frauen zwischen 20 und 35 Jahren fielen unter die Kategorie drei der Kinsey-Skala.

Diese Prozentsätze setzen natürlich die Aufrichtigkeit der Befragten voraus, und die Antworten sind auch durch den sozialen Kontext beeinflusst. Die Statistiken ergeben beträchtliche Schwankungen in den verschiedenen Ländern. Das ist nicht verwunderlich, wenn man bedenkt, dass entsprechende Umfragen oft telefonisch erfolgen. Wohl kaum jemand wird im Beisein von Ehefrau und Kindern oder vor Arbeitskollegen ohne Weiteres zugeben: »Ja, als Student hatte ich regelmäßig Gruppensex mit meinen WG-Mitbewohnern.« So gaben beispielsweise bei einer Umfrage im katholischen Irland, bei der man auf dieselben Methoden wie beim Kinsey-Report zurückgriff, lediglich 7,1 Prozent der Männer und 4,7 Prozent der Frauen zu, mindestens einmal im Leben einen Orgasmus während eines gleichgeschlechtlichen Verhältnisses erlebt zu haben. Grob geschätzt dürfte im Durchschnitt jeder zehnte Leser dieses Buches homosexuell sein, und zwar irgendwo in einem Bereich zwischen 1 und 6 der Kinsey-Skala.

Auch wenn er scheinbar keine direkte Ursache für Homosexualität darstellt, spielt der soziale Kontext für den *Homo sapiens* insoweit eine wichtige Rolle, als er das offene Ausleben und die Akzeptanz homosexueller Neigungen erleichtern oder erschweren kann – ein Problem, das sich Katzen, Widdern oder Iltissen sicher nicht stellt. Im Gegensatz zu unserer tendenziell eher homophoben Gesellschaft existieren in Neuguinea einige Stämme mit Übergangsritualen, die insbesondere in der Vergangenheit praktiziert wurden und zumindest aus biologischer (wenn auch nicht unbedingt aus anthropologischer) Sicht als »homosexuelle Verhaltensweisen« bezeichnet werden können. Die Knaben wurden mit beginnender Pubertät ihren Müttern entzogen und einem »Vormund« übergeben: Bei den Etoro war dies der Ehemann der Schwester, bei den Sambia der zukünftige Schwager und bei den Kamula der Vater der zukünftigen Ehefrau. Der Vormund hatte die Aufgabe, dem Jungen Lebenskraft zu verleihen, um ihn erwachsen werden zu lassen, und wie man glaubte, befand sich die größte Konzentration an Lebenskraft – wer hätt's gedacht – im Sperma, das der Knabe täglich, in der Regel durch Oralverkehr, empfangen musste. Andererseits galt die Samenflüssigkeit als so kostbar, dass sie in dieser patriarchalen Gesellschaft nicht mit einer Frau vergeudet werden durfte, es sei denn, diese wurde geschwängert. Das verhilft den Etoro vermutlich zu einem ziemlich hohen Wert auf der Kinsey-Skala.

Aus unserer abendländisch geprägten Sicht mutet dieses Ritual wie eine Form kulturell bedingter Homosexualität mit pädophiler Komponente an (was wohl die ersten Missionare dazu gesagt haben?), während es sich für einen unerfahrenen Evolutionsbiologen als evolutionärer Selbstmord darstellen könnte, da es die Geburtenrate zu beeinträchtigen und folglich zu Bevölkerungsrückgang zu führen scheint.

Aber stimmt das?

Weshalb gibt es überhaupt Homosexualität, und weshalb ist es innerhalb ein und derselben Art ein immer wiederkehrendes Verhalten, wo doch homosexuelle Individuen meist ihre Fortpflanzungsrate verringern oder sogar ganz zunichtemachen? Gibt es einen evolutionären Vorteil durch nicht zur Befruchtung führenden Sexualverkehr mit demselben Geschlecht? Ist Homosexualität genetisch bedingt?

Beginnen wir mit der brennendsten Frage, nämlich der letzten. Was sagt die Wissenschaft dazu? Die Antwort (die Levick, der Beobachter der Adeliepinguine wohl bestätigen würde) lautet: Es kommt darauf an. Dass auch Tiere homosexuell sein können, wird erst seit wenigen Jahren anerkannt. Lange nachdem entsprechende Neigungen beim Menschen derart offensichtlich wurden, dass man Homosexualität gesellschaftlich akzeptieren musste. Das 1999 unter dem Titel *Biologicial Exuberance* erschienene Buch von Bruce Bagemihl war in dieser Richtung ein Meilenstein. Bis dahin waren Beobachtungen von homosexuellem Verhalten im Tierreich nur selten veröffentlicht worden und wenn, wurden sie als Abirrungen, krankhafte Neugierde, als Dominanzverhalten oder durch Gefangenschaft bedingte Anomalien beschrieben. Man bestritt, dass es sich um willentliche Vorlieben handeln könnte, wie wir das inzwischen anerkanntermaßen von Primaten, Widdern oder Delfinen wissen. Ein Primatologe ging sogar so weit, als wahres Motiv für den wechselseitigen Oralverkehr zweier Orang-Utan-Männchen die Ernährung ins Feld zu führen. Homosexualität lief nicht nur den hergebrachten sozialen Gewohnheiten zuwider, sondern auch der Logik eines ausschließlich darwinistisch geprägten Weltbildes, in dem alle Aspekte tierischen Verhaltens auf die Fortpflanzung ausgerichtet waren. In jüngerer Zeit war und ist man vor allem darum besorgt, sich nicht zu weit mit Behauptungen vorzuwagen, die sich in unangebrachter Weise auf den Menschen übertragen ließen.

Bei dem Gedanken an eine riesige Kolonie lesbischer Albatrosse auf Hawaii wird jeder lächeln, weil wir diese Tiere sofort vermenschlichen und mit uns selbst vergleichen. Die Gefahr, etwas falsch zu deuten und entsprechende Untersuchungsergebnisse mehr oder weniger unfreiwillig in die eine oder andere Richtung zu manipulieren, ist bei solch einem Thema extrem hoch. Man muss nicht auf jedes gleichgeschlechtliche Vogelnest die Regenbogenfahne stecken, um seine Solidarität für LGBT[17] zu bekunden, wie es manche Aktivisten nach der Veröffentlichung einschlägiger Studien vorgeschlagen haben. Die Albatrosse wüssten mit der Lesben-Solidarität der Menschen nichts anzufangen. Sie zum Symbol für Schwule zu erheben – wie es bei dem bekannten homosexuellen Pinguinpaar Roy und Silo aus dem Central Park Zoo in New York der Fall war, die ein Ei »adoptierten« – hieße, sich gegen die Erkenntnis zu sperren, dass es biologische und evolutionäre Begründungen gibt, die nicht immer ohne Weiteres auf den Menschen übertragbar sind.

Natürlich können wir feststellen, dass Homosexualität nicht »widernatürlich« ist, aber der Schluss, dass homosexuelle Menschen und homosexuelle Pinguine deshalb gemeinsam für ihr Recht auf Kindesadoption kämpfen müssten, wird den Pinguinen wohl kaum gerecht. Ebenso falsch wäre es, aus der Tatsache, dass Silo nach ein paar Jahren wieder zum Hetero wurde, zu folgern, Homosexualität sei eine Krankheit. Die Pinguine müssen bei ihrer Wahl den eigenen biologischen Voraussetzungen Rechnung tragen, und zwar unabhängig von politischen, gesellschaftlichen oder religiösen Einflüssen durch Menschen, die sie und die mit ihnen beschäftigten Forscher instrumentalisieren wollen.

Unter solchen Voraussetzungen wird die Erforschung der Homosexualität zu einem ähnlich heiklen Unterfangen wie die ökologischen Untersuchungen eines Minenfel-

---

17 Lesbian-Gay-Bisexual-Transgender.

des: Die Sprengkraft, der man sich aussetzt, ist enorm, und man muss wirklich motiviert sein. So motiviert, dass viele (wenn auch nicht alle) mit dieser Thematik befassten Forscher selbst homosexuell sind. Besteht also die Gefahr, dass ihre Ansätze vorurteilsbehaftet sind? Schon möglich, aber man sollte bedenken, dass alle Wissenschaftler mit ihren Studien nach Beweisen für ihre Theorien suchen: Wissenschaft dient genau diesem Zweck. Wenn die Experimente vernünftig durchgeführt werden, sind die daraus abgeleiteten Theorien beziehungsweise Ergebnisse für andere reproduzierbar, spielt dagegen einer falsch, kommt es früher oder später ans Licht.

In den letzten Jahren sind einige Anstrengungen für den Nachweis einer biologischen Ursache von Homosexualität unternommen worden. Die Ergebnisse bei Tieren sind wirklich interessant, aber viele lassen sich nicht für den Menschen geltend machen. Zum einen wegen der zuvor genannten Gründe, zum anderen, weil tierische Modelle nicht ohne Weiteres auf unsere Spezies übertragbar oder experimentell nachweisbar sind. Freier Wille und sozialer Kontext reichen jedoch als alleinige Begründung nicht aus: Der Fortpflanzungstrieb ist zu fest in unseren Genen verankert, als dass sich ihm ohne genetische oder physiologisch messbare Ursachen entgegenwirken ließe.

Kann Homosexualität beispielsweise von der neurologischen Entwicklung abhängen? Eine 2004 an der Oregon Health and Science University von Charles Roselli und seinen Mitarbeitern durchgeführte Studie hat ergeben, dass ein bestimmter Bereich des Hypothalamus, der sogenannte

Nucleus preopticus, bei männlichen Schafen etwa doppelt so groß ist wie bei weiblichen, und dass er bei homosexuellen Widdern nur wenig größer ist als bei den Weibchen. Dieser Bereich des Hypothalamus produziert das Enzym Aromatase, das Testosteron in Östrogene verwandelt. Eine größere oder kleinere Menge von Östrogenen im Gehirn bestimmt die sexuelle Orientierung der Schafe. Die Menge an Aromatase (und folglich an Östrogenen) ist bei heterosexuellen Widdern weitaus größer als bei homosexuellen Männchen oder bei den Weibchen. Der dritte interstitielle Kern des menschlichen Hypothalamus ist bei Männern größer als bei Frauen und bei heterosexuellen Männern größer als bei homosexuellen. Auch der Nucleus preopticus und folglich die Produktion von Aromatase sind unterschiedlich groß. Somit gibt es klare Anhaltspunkte dafür, dass Homosexualität bei allen Säugetieren, einschließlich dem Menschen, physiologische (also nicht soziale oder umweltbedingte) Ursachen haben kann. So führen beispielsweise Verletzungen der entsprechenden Bereiche des Gehirns bei männlichen Ratten oder Frettchen zu einer veränderten sexuellen Orientierung.

Worin liegt die Ursache für diese unterschiedliche Entwicklung des Hypothalamus? Etliche Hinweise und zahlreiche zoologische und medizinische Studien legen den Schluss nahe, dass die Entwicklung des Hypothalamus und somit die sexuelle Orientierung bereits im Mutterleib festgelegt wird und mit der beginnenden Geschlechtsreife die Würfel längst gefallen sind. Wird der Embryo im Mutterleib Testosteron und seinem Derivat Östradiol ausgesetzt, führt das bei Säugetieren wie zum Beispiel Ratten oder Primaten zu sexueller Differenzierung im Gehirn. Das bedeutet allerdings nicht, dass es im restlichen Körper gleichzeitig zu entsprechenden Auswirkungen auf den Grad der Maskulinisierung des Individuums kommt. Auch die Entwicklung des Genitalapparates unterliegt im Uterus dem Einfluss von Hormonen, allerdings zu einem anderen Zeitpunkt: Die Herausbildung der Keimzellen erfolgt zu Beginn der Tragzeit, die sexuellen Vorlieben werden gegen Ende derselben bestimmt.

Ein erhöhter Testosteronspiegel hat also zur Folge, dass der Embryo später einen weiblichen Partner bevorzugen wird. Umgekehrt führt ein niedriger Testosteronspiegel oder das Nichtvorhandensein dieses Hormons zu einer Vorliebe für männliche Partner, egal welchen Geschlechts das Ungeborene ist. Bei Ratten kann dieser Neigung entgegengewirkt werden, indem man ihnen in der ersten postnatalen Lebensphase Testosteron verabreicht. Um das Ganze zu verkomplizieren, führt aber auch ein hohes Maß an Östrogenen, die während des letzten Abschnitts der Tragzeit von der Plazenta produziert werden, zu einer Vorliebe für weibliche Partner – vorausgesetzt, die Östrogene werden nicht durch bestimmte embryonale *Alphafetoproteine* blockiert.

All das hat natürlich nicht unbedingt etwas mit den Formen von Homosexualität zu tun, die – wie etwa in Gefangenschaft im Zoo oder Gefängnis – durch einen Mangel an Partnern des anderen Geschlechts entstehen, oder dadurch, dass eines der beiden Geschlechter aus natürlichem

Grund unterrepräsentiert ist, oder weil durch männliche Dominanz anderen Männchen der Zugang zu Weibchen verwehrt wird. Denn in den genannten Fällen wird das Individuum wieder heterosexuell, sobald die Umstände es erlauben.

Gibt es für all das auch eine genetische Ursache? Wodurch werden die hormonellen Schwankungen während der Tragzeit beeinflusst? Wenn es eine physiologische, nicht durch Umwelteinflüsse bedingte Wirkung gibt, muss die Ursache in den Genen liegen. Eine koreanische Studie von 2010 vervollständigt das bisher skizzierte Bild ziemlich genau, und sie gefällt mir besonders wegen der darin mitschwingenden, feinen Ironie. Die Forschungsgruppe um Dongkyu Park hat eine Klasse von Enzymen, die sogenannten *Fucose-Mutarotasen* identifiziert und das dazugehörige Gen entsprechend *FucM* genannt, was im Englischen wie *fuck me* ausgesprochen wird. Anlass für diese Wortschöpfung war, dass das Fehlen des Gens FucM bei weiblichen Ratten zur Bevorzugung weiblicher Partnerinnen führt und somit der Name zum Programm wird. Durch Abschalten des für die Produktion von Alphafetoprotein zuständigen Gens entstehen sterile, maskuline weibliche Mäuse. Die Mäuseweibchen mit abgeschaltetem FucM-Gen legen dagegen eine ausgeprägte Vorliebe für den Urin ihrer Partnerinnen an den Tag (bei Mäusen ist Uringeruch ein Aphrodisiakum) und versuchen, diese zu begatten, während sie männliche Tiere meiden.

Die genetischen Ursachen für die Homosexualität beim Menschen sind weniger klar, aber man hat festgestellt, dass eineiige Zwillinge oftmals dieselben sexuellen Neigungen an den Tag legen, seien diese nun homo- oder heterosexuell, und dass Homosexualität in ein und derselben Familie bisweilen vermehrt auftritt. Nicht belegte Studien deuten auf einen bestimmten Bereich des X-Chromosoms beim Menschen. Durch die weitere Erforschung des menschlichen Genoms verspricht man sich diesbezüglich genauere Erkenntnisse.

Nun, da wir die neurologischen, die hormonellen und die genetischen Ursachen unter die Lupe genommen haben, wollen wir uns einem anderen Fragenkomplex zuwenden: Da Homosexualität in den verschiedenen Populationen fortbesteht, stellt sich die Frage, welche Bedeutung ihr aus evolutionärer Sicht zukommt. Es gibt zahlreiche Erklärungsversuche: Sie könnte, wie bei den Bonobos oder Delfinen, zur Festigung sozialer Bindungen dienen. Oder es könnte sich, wie bei den Katzen, um einen intrasexuellen Konflikt zur Stärkung von Dominanzen handeln; oder aber um eine harmlose Praktik, wie sie für die Adeliepinguine oder die Rosaflamingos ins Feld geführt wurde (wobei mir die Farbe Rosa verdächtig scheint); oder schließlich um ein Phänomen der Verwandtenselektion, insofern als homosexuelle Individuen, die sich selbst nicht fortpflanzen, beim Aufziehen des Nachwuchses mithelfen können. Ein entsprechendes Beispiel findet sich beim *Homo sapiens,* genauer gesagt bei einem Eingeborenenstamm von Samoa. In diesem Stamm existiert ein drittes, Fa'afafine genanntes Geschlecht (wörtlich: »Mann nach Art einer Frau«), dessen Vertreter jeweils einen Neffen adoptieren. Zu guter Letzt könnte es sich bei homosexuellem Verhalten auch um den Nebeneffekt einer Hyperdominanz handeln. In diesem Fall würden die Vorteile eines Geschlechts beim anderen Geschlecht zu Homosexualität führen. Die weiblichen Japanmakaken bespringen regelmäßig ihre Partner, um deren Aufmerksamkeit auf sich zu ziehen und soziale Bindungen zu stärken. Als Nebeneffekt bespringen sie auch andere Weibchen, da dieses Verhalten evolutionär gesehen unbedenklich ist und das »Ausschalten« der entsprechenden Gene (ähnlich wie bei den männlichen Brustwarzen oder der weiblichen Klitoris) zu kompliziert wäre. Die Mütter der Fa'afafine sind meist sehr gebärfreudig und bringen deutlich mehr Kinder zur Welt als die samoanische Durchschnittsfrau. Man vermutet, dass es sich hierbei um eine evolutionäre Anpassung handelt, bei der die reproduktive Fitness durch extreme Fruchtbarkeit gesteigert wird und gleichzeitig die homozygoten Söhne verweiblicht werden. Aus evolutionärer Sicht wäre das nicht nur insofern erfolgversprechend, als man auf diese Weise zahlreichen Nachwuchs bekommt, sondern auch, weil einige Kinder darauf »programmiert« sind, perfekte Helfer fürs Heim zu sein.

Was auch immer die Ursache sein mag, so ist dieses Phänomen doch mit Sicherheit ebenso »natürlich« wie zum Beispiel Linkshändigkeit oder eine Hakennase, und die moralisch unvoreingenommene Akzeptanz der Sexualität anderer, seien es nun Menschen, Delfine, Pinguine oder Möwen, wäre bestimmt das richtige Signal, um zu zeigen, dass die uns umgebende Welt gar nicht so schrecklich ist.

Das Geschlecht des Ungeborenen

Rosa Schleifchen oder hellblaues Schleifchen? Welche Faktoren legen fest, ob der heiß ersehnte Nachwuchs ein Junge oder ein Mädchen wird?

Liegt die Verantwortung ganz bei der Mutter, wie Schwiegermütter gern behaupten, oder muss sie fifty-fifty mit dem Vater geteilt werden? Oder ist es gar von Art zu Art verschieden?

How many roads must a male walk down?

Es gibt zwei grundlegende Mechanismen der Geschlechtsdetermination: zum einen die auf Umweltfaktoren basierende sogenannte ESD *(environmental sex determination)*, zum anderen die genetisch bedingte sogenannte GSD *(genotypic sex determination)*, wobei es in manchen Fällen auch zu Mischformen kommt. Bei den Tieren mit genetisch basiertem Mechanismus wird das Geschlecht des Ungeborenen mit der Verschmelzung von Ei- und Samenzelle festgelegt, und zwar mittels der hier und dort in den verschiedenen Chromosomen eingestreuten, für die Maskulinisierung verantwortlichen Gene oder durch spezielle Geschlechtschromosomen. So haben beispielsweise Säugetiere oder Taufliegen die Geschlechtschromosomen X und Y; Vögel, Schmetterlinge, Komodowarane und einige Krebse haben die Geschlechtschromosomen Z und W; Hautflügler haben X und nichts (o). Unter den Wirbeltieren kommt es bei Säugern und Vögeln stets zu genetisch basierter Geschlechtsdetermination (GSD) mittels Geschlechtschromosomen. Fische und Amphibien bedienen sich mal der einen, mal der anderen Methode, neigen jedoch tendenziell zu GSD oder zu hormongesteuerter ESD. Manche Reptilien (viele Echsen und alle Schlangen) greifen auf GSD zurück, andere dagegen auf ESD (Krokodile, Schildkröten, Brückenechsen sowie einige andere Echsen).

Man geht davon aus, dass die Geschlechtsdetermination der Amnioten (Reptilien, Vögel, Säugetiere und Dinosaurier) ursprünglich auf Umweltfaktoren basierte (ESD) und die Geschlechtschromosomen sich mindestens zwei Mal unabhängig voneinander entwickelt haben. Aber darin sind sich nicht alle Forscher einig, denn wie sich noch zeigen wird, richten die Tiere mit ihren Geschlechtschromosomen ein ziemliches Durcheinander an, und die Rekonstruktion phylogenetischer Entwicklungslinien erweist sich als kompliziert.

Spermien und Eizellen sind Träger jeweils eines Geschlechtschromosoms. Bei Säugetieren haben Eizellen in der Regel immer ein X-Chromosom, während Spermien ein X- oder ein Y-Chromosom haben können. Wird ein X-Ei von einem X-Spermium befruchtet, entsteht ein Individuum XX, also ein Weibchen, gewinnt dagegen ein Y-Spermium den Wettlauf, kommt ein Individuum XY, also ein Männchen heraus. So leid es mir für die Schwiegermütter tut, liegt folglich die Verantwortung für das Geschlecht der Nachkommen bei Säugetieren – wenn auch unbeabsichtigt – so doch ausschließlich beim Vater. Bei den Vögeln ist es umgekehrt. Hier hat das Weibchen zwei verschiedene Geschlechtschromosomen (ZW), während das Männchen zwei gleiche Chromosomen (ZZ) aufweist. Seine Spermien bringen allesamt das Chromosom Z zur Eizelle, das Muttertier produziert dagegen Z- bzw. W-Eier und bestimmt auf diese Weise das Geschlecht des Kükens. Schnabeltiere haben zehn Geschlechtschromosomen: XXXXXXXXXX bei den Weibchen, mit je zwei gleichen X-Chromosomen und XXXXXYYYYY bei den Männchen, mit jeweils verschiedenen X- und Y-Chromosomen. Bei der Bildung der Geschlechtszellen ordnen sich die fünf verschiedenen X-Chromosomen zu einer Art Liebeszug an: An der Spitze steht das größte X-Chromosom, das aus genetischer Sicht den Chromosomen der anderen Säugetiere am ähnlichsten ist, während am Ende – damit auch ja nichts fehlt und die Genforscher sich den Kopf zerbrechen können – ein X-Chromosom mit den Genen eines Z-Chromosoms der Vögel zu finden ist.

The answer is blowin' in the wind (jedenfalls manchmal)

Bei der genetisch basierten Geschlechtsdetermination kann, sobald der Embryo entstanden ist und solange der Hormonpegel im Uterus ein normales Maß beibehält, außer durch einen chirurgischen Eingriff nichts mehr an dem Geschlecht des Individuums verändert werden. Ein wenig komplizierter wird das Ganze, wenn die Gene hier und dort verstreut sind, wie etwa bei den Fischen, die im Lauf ihres Lebens ihr Geschlecht verändern. Dank schwankender Umwelteinflüsse, mit denen die Produktion entsprechender Hormone angeregt wird, können sie im Erwachsenenalter die Gene für die Maskulinisierung aktivieren oder unterdrücken.

Für Tiere mit umweltbedingter Geschlechtsdetermination sind dagegen die äußeren Bedingungen während des ersten Drittels der embryonalen Entwicklungsphase ausschlaggebend. Hierbei können verschiedene Faktoren wie etwa die Größe der Mutter oder die Verfügbarkeit von Nahrung eine Rolle spielen, aber am wichtigsten ist zweifellos die Temperatur, weshalb der entsprechende Mechanismus auch TSD *(temperature-dependent sex determination)* genannt wird. Diese Tiere haben keine Geschlechtschromosomen, und das Junge ist je nach der Temperatur, mit der es ausgebrütet wurde, entweder ein Männchen oder ein Weibchen.

Dass die Geschlechtsdetermination bei Säugetieren und Vögeln genetisch und nicht durch Temperatur bedingt ist, liegt auf der Hand, da bei homöothermen Lebewesen auch die Körpertemperatur der Embryonen konstant bleiben muss. Durch Austragen oder Ausbrüten werden starke Temperaturschwankungen vermieden, da dies zum Tod des Embryos führen würde. Geschlechterverteilung (engl.: *sex ratio*), also das Verhältnis der beiden Geschlechter zum

Zeitpunkt der Geburt, müsste auf Grund von Wahrschein-
lichkeiten und weil es evolutionär von Vorteil scheint,
eigentlich immer bei eins zu eins liegen, es müssten also
ebenso viele männliche wie weibliche Individuen geboren
werden.

Reptilien sind nicht in der Lage, ihre Körpertemperatur von innen zu regulieren, sie unterliegt daher umwelt-
bedingten Schwankungen (Tag/Nacht, Sommer/Winter;
Monsun/Trockenzeit). Allerdings lässt sie sich unter anderem durch Verhalten steuern (etwa durch Aufsuchen von
Schatten oder Sonne), sodass eine halbwegs konstante Temperatur gewährleistet ist. Die Eier müssen auf jeden Fall bei
möglichst gleichbleibenden Temperaturen heranreifen,
da die für die körperliche Entwicklung des Tieres nötigen
Enzyme bei einer ganz bestimmten Temperatur am besten wirksam sind. Das lässt sich auf zwei Arten realisieren:
entweder durch Viviparie, also indem die Eier im Leib der
Mutter heranreifen, wobei diese eine möglichst konstante
Körpertemperatur beibehalten muss, oder durch entsprechende Gestaltung des Nestes. Man hat beispielsweise beobachtet, dass die Schuppenschildkröte *(Chelydra serpentina)*, deren Lebensraum sich von Kanada bis Mittelamerika
erstreckt, in niedrigeren Breiten ihr Nest im Schatten baut,
in höheren Breiten dagegen in der Sonne. Auch die Menge
des für den Nestbau verwendeten Pflanzenmaterials ändert
sich in Abhängigkeit von der Temperatur, da durch die Ver-
wesung je nach Bedarf mehr oder weniger Wärme für die
Eier erzeugt wird.

Bei Krokodilen und Brückenechsen, die bekanntermaßen zu den Reptilien zählen, erfolgt die Geschlechtsdetermination stets durch Temperatureinfluss. Das trifft auch auf die meisten Schildkröten zu, während es für andere Reptilien, wie Echsen, Warane und deren nahe Verwandte, nur sehr bedingt gilt. Wie lassen sich die vielfältigen Mechanismen der Geschlechtsdetermination bei dieser Wirbeltierklasse erklären? Weshalb ist der TSD-Mechanismus in phylogenetisch voneinander entfernten Kladen gleichermaßen wirksam, bei ähnlichen Gruppen dagegen manchmal nicht?

Versuchen wir es mit einem Beispiel: Wenn bei Krokodilen die Bruttemperatur zwischen 28 °C und 31 °C liegt, schlüpfen nur Weibchen, zwischen 32 °C und 33 °C dagegen nur Männchen und bei über 34 °C wiederum nur Weibchen. Kleine Temperaturschwankungen von 0,5 bis 1 °C führen zu einer erheblich veränderten Geschlechterverteilung. Trockenheit und Flachgewässer gehen mit erhöhter Bruttemperatur einher, während Regen und Überschwemmungen niedrigere Temperaturen mit sich bringen. Im ersten Fall ist das für die Weibchen, im zweiten Fall eher für die Männchen günstig. Der Mississippi-Alligator (eine Art, bei der unter 30 °C nur Männchen und über 34 °C nur Weibchen zur Welt kommen) weist meistens eine stark zugunsten der Weibchen ausfallende Geschlechterverteilung auf. Doch in sehr niederschlagsreichen Jahren verschiebt sich diese vorteilhaft für die Männchen. Offenbar können Klimaveränderungen solche Tendenzen verstärken und dazu führen, dass nur noch Individuen eines Geschlechts zur Welt kommen, die Art also ausstirbt. Trotz alledem existieren Krokodile – ebenso wie Schildkröten – schon sehr viel länger als wir Säugetiere. Sie haben Eiszeiten, Vulkanausbrüche, Asteroideneinschläge und alles in allem zahlreiche Klimaveränderungen überlebt. Wie lässt sich das erklären? Es muss da etwas geben, was wir nicht durchschauen. Denn aus evolutionärer Sicht scheint das System ineffizient zu sein, und dennoch hält es sich bei sehr vielen Wirbeltieren seit mindestens 300 Millionen Jahren, also seit ihrer Entstehung.

In ihrem 2006 erschienenen Forschungsbericht zu diesem Thema nennen Fredric Janzen und Patrick Phillips vier mögliche Ursachen für die Beibehaltung des komplizierten und vom Zufall abhängigen Systems der temperaturgesteuerten Geschlechtsdetermination.

1) *Phylogenetische Trägheit*: Meine Mutter hat es so gemacht, meine Großmutter hat es so gemacht, meine allen Amnioten gemeinsamen Vorfahren haben es so gemacht, weshalb sollte ausgerechnet ich daran etwas ändern, wo heutzutage die Gefahr so groß ist, dass bei der Anpassung etwas schiefläuft?

2) *Gruppenadaption*: Man kann sich von Mal zu Mal anpassen und je nach Bedarf mehr männliche oder mehr weibliche Nachkommen zeugen, sodass es am Ende allen besser geht. In meinen kritischen Ohren klingt das ein bisschen nach Finalismus und erscheint mir wenig realistisch.

3) *Vermeidung von Kreuzungen zwischen Blutsverwandten*: Wenn man ausschließlich Brüder oder ausschließlich Schwestern hat, muss man sich seinen Partner zwangsweise außer Haus suchen, es sei denn, man betreibt

homosexuelle Inzucht. Aber so weit kommt es nicht einmal in *Game of Thrones*.

4) *Differenzielle Fitness:* Manchmal ist es besser, wenn bestimmte Temperaturen ein einziges Geschlecht bevorzugen. So haben beispielsweise Männer den Vorteil, nie kalte Füße im Bett zu bekommen. Im Winter nimmt ihre reproduktive Fitness zu.

Janzen und Phillips behaupten, dass es für die drei ersten Fälle keine stichhaltigen Gründe gibt, obwohl diesbezüglich kaum Laborexperimente durchgeführt wurden.

Die Aufmerksamkeit der beiden Forscher scheint vor allem auf die vierte Hypothese, das sogenannte *Charnov-Bull-Modell,* gerichtet zu sein (benannt nach den Wissenschaftlern, die sie ursprünglich aufgestellt haben). Einfach ausgedrückt besagt dieses Modell, dass die Temperatur, die das postnatale Wachstum besonders anregt, dieselbe ist, die das Geschlecht mit dem größeren Wachstumsbedarf hervorbringt. Ich will es anhand eines Beispiels veranschaulichen: Wenn das Männchen, wie etwa bei der Schnappschildkröte *(Chelydra serpentina),* als erwachsenes Tier größer sein muss, so begünstigt die Temperatur, bei der Männchen entstehen, das Wachstum der männlichen Schildkrötenbabys in besonderem Maß. Das Modell ist schön und besticht durch seine Komplexität, aber leider können Schildkröten keine wissenschaftlichen Artikel lesen und entsprechen dem Modell in vielen Fällen nicht. Es kann daher kaum als umfassende Erklärung herhalten.

Da das Charnov-Bull-Modell nicht besonders zuverlässig ist, hat man in Erwägung gezogen, zu den herkömmlichen Theorien des Evolutionstheoretikers und Statistikers Ronald Fisher zurückzukehren, laut derer die idealen Entwicklungsbedingungen stets zu einem optimalen Geschlechterverhältnis führen. Dieses Verhältnis muss nicht notwendig eins zu eins sein, und es spielt auch keine Rolle, ob dabei genetische oder durch Temperatur bedingte Mechanismen wirksam sind. Ein TSD-Mechanismus ließe sich somit durch die schnelle und unmittelbare Steuerung der Geschlechterverteilung in Abhängigkeit von konkret gegebenen Bedürfnissen erklären, also je nachdem, ob gerade mehr Männchen, mehr Weibchen oder jeweils gleich viele gebraucht werden. Denn theoretisch können Weibchen durch die Standortwahl ihres Nestes (Sonne/Schatten, größerer oder kleinerer pflanzlicher Aufbau) »entscheiden«, ob sie Männchen oder Weibchen bekommen wollen. So scheinen in der Tat die Zierschildkröten (*Chrysemys picta*) individuelle Präferenzen bei der Wahl des Nestes an den Tag zu legen. Das stützt die Theorie jedoch nicht hinreichend stark, um als endgültige Erklärung gelten zu können. Aber zumindest liefert das Modell eine Erklärung dafür, wie manche Arten in sehr verschiedenen Breiten leben können.

Leider existiert keine detaillierte Prognose, was bei globaler Erwärmung geschehen würde. Laut mancher Modelle wären bei einem durchschnittlichen Temperaturanstieg von 2 °C viele Arten durch die stark in Mitleidenschaft gezogene Geschlechterverteilung innerhalb eines Jahrhunderts vom Aussterben bedroht. Zum Glück sind Reptilien zähe Tiere. Das hat sicherlich dazu beigetragen, dass sie in den letzten 200 Millionen Jahren allen Schwankungen der Durchschnittstemperatur zum Trotz überlebt haben. Dennoch wissen wir nicht, was bei einer so gewaltigen Veränderung wie der zu erwartenden geschehen würde.

The Y-Factor

Falls Ihnen die Mechanismen zur temperaturgesteuerten Geschlechtsdetermination kompliziert und undurchsichtig erscheinen, liegt das bloß daran, dass wir noch nicht die Kapriolen der Wirbeltiere unter die Lupe genommen haben, die zu diesem Zweck auf Chromosomen zurückgreifen. Wobei die Grundidee für die Bildung von Geschlechtschromosomen eigentlich einfach ist.

Der gemeinsame Vorfahre der Amnioten hatte keine Geschlechtschromosomen, sondern bediente sich zur Geschlechtsdetermination eines auf Umwelteinflüssen basierenden Steuerungssystems. Eines Tages kam es an einem seiner Chromosomen zur Mutation eines jener Gene, die für die Bildung der Hoden zuständig sind, und so entstand das SRY-Allel, das heute bei allen Säugetierarten als genetische Basis für die Maskulinisierung gilt. DMRT1, das Gen, das für die Maskulinisierung bei Vögeln sorgt, ist analogen Ursprungs, befindet sich jedoch am Chromosom Z. Besagtes SRY-Allel scharte auf dem Proto-Y-Chromosom im Lauf der Zeit weitere für die Maskulinisierung verantwortliche Gene um sich, da es praktischer ist, wenn diese Gene bei der Durchmischung der Chromosomen während der Bildung der Keimzellen zusammenliegen. Andernfalls bestünde die Gefahr, männliche Individuen mit weiblichen Merkmalen und umgekehrt zu erhalten.[18] Parallel dazu wurde die Durchmischung der Gene innerhalb des Proto-Y-Chromosoms unterdrückt, da das evolutionär von Vorteil war. Wenn jedoch die für die Maskulinisierung verantwortlichen Gene nur en bloc vom Vater auf den Sohn vererbt werden, lassen sich Mutationen viel leichter von Generation zu Generation weitergeben (Durchmischungen dienen eben gerade der Vermeidung entsprechender Schwierigkeiten). In der Folge kam es zu Gendrift und Genverlust durch unzureichende Selektion (entweder, du schnappst dir das ganze Chromosom einschließlich der schwächlichen Allele, oder du ziehst einen Rock an). So verlor das arme Y-Chromosom allmählich zahlreiche Gene und wurde zu einem »degradierten« Chromosom, und in derselben Weise erging es dem W-Chromosom.

Dennoch ist es dem Y-Chromosom gelungen, sich hier und dort ein paar Gene von anderen Chromosomen zu schnappen, wenn auch nicht in hinreichender Zahl. Am Y-Chromosom des Menschen sind nur noch 72 Gene aktiv, und unter seinen 59 Millionen genetischen Bausteinen hat sich in der Zwischenzeit eine Menge Abfall angesammelt (von Wissenschaftlern als nichtcodierende oder *Junk*-DNA

---

18 Zwar gibt es in Italien das Sprichwort »Donna baffuta è sempre piacuta«, was sich frei mit »Bärtige Frauen, nett anzuschauen« übersetzen ließe, aber wir sollten es nicht zu bunt treiben.

bezeichnet). Schätzungen zufolge sind auf dem menschlichen Y-Chromosom nur etwa drei Prozent der 1438 Gene verblieben, die es vermutlich vor 300 Millionen Jahren bei der Entstehung der säugetierähnlichen Reptilien hatte. Anders steht es mit dem X-Chromosom, denn weibliche Individuen haben gleich zwei davon, die sich bei der Bildung der Eizellen fröhlich durchmischen. So bleibt das Chromosom mit den darauf befindlichen Genen erhalten. X und Y durchmischen sich derzeit nur an zwei sehr begrenzten Außenbereichen, um ungewollte Anomalien bei der Anzahl der Geschlechtschromosomen des Kindes zu vermeiden.

Um es kurz zu machen, liebe Männer: Sie haben nicht nur ein schwächliches Chromosom (Hardcore-Feministinnen würden vermutlich behaupten, das sei nicht zu übersehen), sondern darüber hinaus wird dieses Chromosom im Lauf der nächsten rund zehn Millionen Jahre bei Ihren Nachkommen völlig verschwinden. Sollte der Trend zur Verkleinerung und Degeneration der letzten 300 Millionen Jahre nicht zum Erliegen kommen, werden die Säugetiere und Vögel der Zukunft kein eigenes männliches Chromosom mehr besitzen. Aber keine Sorge: Es gibt keine Korrelation zwischen der Verkleinerung des Chromosoms und der anderer typisch männlicher Attribute. Die entscheidenden Gene werden glücklicherweise lediglich anderswohin verlagert.

Sind die X-Men unter uns?

Der Eliminierungsprozess des Y-Chromosoms hat bei einigen Säugetieren bereits begonnen. Sie glauben, das System XX/XY, so wie Sie es in der Schule gelernt haben, gelte für alle Säugetiere? Tut mir leid für die schlechte Nachricht, aber das stimmt nicht. Der Transkaukasische Mull-Lemming *(Ellobius lutescens)* ist ein kleiner, in Russland beheimateter Nager aus der Familie der Wühlmäuse und Hamster, der jeder biologischen Gewissheit zuwiderläuft. Erstens hat dieses scheue, unterirdisch lebende Tier lediglich 17 Chromosomen, also eine ungerade Anzahl, was insofern höchst sonderbar ist, als nur eine gerade Chromosomenzahl (wie sie bei den meisten Tieren zu finden ist) während der Bildung der Eizellen und Spermien halbierbar ist. Zweitens hat der Mull-Lemming weder ein Y-Chromosom noch ein SRY-Gen. Sowohl Männchen als auch Weibchen sind Xo, das heißt, sie haben nur ein Geschlechtschromosom X, da sie das Y-Chromosom im Lauf der Evolution verloren haben. Noch ist nicht genau erforscht, wie das Geschlecht determiniert wird, aber da es Männchen gibt, kann das SRY-Gen nicht so unverzichtbar für die Bildung der Hoden sein, wie man geglaubt hat. Der eng verwandte Zeisan-Mull-Lemming *(Ellobius tancrei)* weist dagegen die Kombinationen XX/XX auf (mit einer zwischen 32 und 54 schwankenden Anzahl von Chromosomen). Das Y-Chromosom dieser Lemmingart wurde auch bei den Männchen durch ein zweites X-Chromosom ersetzt, und das SRY-Gen ist ebenfalls verschwunden. Beim Südlichen Mull-Lemming *(Ellobius fuscocapillus)* liegen dagegen normalerweise die Kombinationen XX und XY vor, was beweist, dass das Y-Chromosom bei den beiden anderen Arten erst in jüngerer Zeit verloren gegangen ist.

Lemminge nehmen sich in Wahrheit nicht das Leben, es sei denn, ein Kameramann lässt sie von einer Klippe springen. Zum Ausgleich dafür haben sie die ausgeprägte Neigung, Genforscher in den Suizid zu treiben, denn ihr System zur Geschlechtsdetermination ist vollkommen verrückt. Die Weibchen der Waldlemminge *(Myopus schisticolor)* können die Kombinationen XX oder XY haben, die Geschlechterverteilung dieser Art liegt bei eins zu drei zugunsten der Weibchen (also 75 Prozent Weibchen und 25 Prozent Männchen), und manche Weibchen haben ausschließlich weibliche und keinerlei männliche Nachkommen. Männchen haben dagegen normalerweise die Kombination XY. Dieses merkwürdige Phänomen lässt sich durch die Mutation eines Gens auf dem X-Chromosom erklären, das die Auswirkungen eines vorhandenen Y-Chromosoms vollständig zunichtemacht. Folglich sind die Träger des mutierten Gens ausschließlich Weibchen, unabhängig davon, ob das Y-Chromosom vorliegt oder nicht. Da die Bildung der weiblichen Eizellen mit mutiertem X-Chromosom kompliziert ist, weisen diese Nager eine ganze Menge chromosomaler Anomalien auf: Es gibt die XXY-Lemminge, bei denen es sich um sterile Männchen handelt; dann gibt es die mit dem mutierten Gen und der Kombination X*XY, die entweder sterile Männchen, fruchtbare Weibchen oder echte Hermaphroditen sind; und schließlich gibt es noch die fruchtbaren Weibchen des Typs X*YY sowie außerdem Xo und X*o.

Bei den zur Gattung der südamerikanischen Feldmäuse *(Akodon)* gehörenden Arten ist der Fall umgekehrt: Hier kommt es beim Vorliegen eines mutierten Gens zu einem nicht funktionalen Y-Chromosom (Y*), weshalb alle Individuen mit der Kombination XY* weiblich sind. Beispiele wie dieses gibt es zuhauf, insbesondere bei den Nagetieren. Deren Lebensdauer ist kurz und ihr Nachwuchs zahlreich, deshalb entwickeln sie sich rasch weiter und sind auch bei potentiell schlechten Mutationen schnell anpassungsfähig.

Diese Beispiele liefern den Beweis, dass mit dem armen Y-Chromosom tatsächlich irgendetwas im Argen liegt. Andererseits gibt es Tiere wie den Japanischen Reisfisch *(Oryzias latipes)*, der nach wie vor zur Paarbildung und zum genetischen Austausch zwischen den X- und Y-Chromosomen befähigt ist, oder wie das Schnabeltier mit seinem großen, reichlich mit Genen bestückten Y-Chromosom. Daher liegt der Gedanken nahe, dass das Y-Chromosom vielleicht doch niemals ganz verschwinden wird, weil es für manche Arten offenbar unabdingbar bleibt.

Nachwort

Ich hoffe, dass Sie durch die Lektüre dieses Buches neue und ungewöhnliche Einblicke zum Thema Fortpflanzung gewonnen haben und sich dadurch nicht abschrecken, sondern vielmehr zum Nachdenken anregen lassen. Manche Aussagen, die uns bisher selbstverständlich vorkamen, treffen offenbar nicht länger zu, während alte, ungelöste Fragen plötzlich mit ein wenig Glück eine Antwort finden.

Diese Antworten müssen uns nicht unbedingt gefallen oder mit unserer Lebensphilosophie in Einklang stehen. Liest man dieses Buch, scheinen beispielsweise viele unserer Verhaltensweisen in rein deterministischer Weise durch Gene gesteuert zu sein, und bei den Wirbeltieren herrscht offenbar wenig individuelle Freiheit. Man sollte allerdings bedenken, dass die biologischen Mechanismen der Fortpflanzung den entscheidenden Schlüssel für das Überleben einer Art liefern, und dass Abweichungen von dem, was zu größerer Fitness führt, schlichtweg geringere Fitness und höchstwahrscheinlich das Aussterben zur Folge haben. Wenn auch im Schnitt nicht viel Raum für individuelle Entscheidungen bleibt, so gibt es doch immerhin eine Menge Spielraum bei der Kodierung verschiedener möglicher Verhaltensweisen. Und wer weiß, ob uns das nicht eines Tages überzeugende Lösungen für neue Probleme liefert.

Dank

Allen, die mir beim Verfassen dieses Buches geholfen haben, bin ich zu tiefem Dank verpflichtet.

An erster Stelle danke ich Stefano Milano: Ohne seine Beharrlichkeit und seine Ermutigungen wäre der Band vielleicht niemals zustande gekommen.

Mein aufrichtiger Dank gilt auch Donato Grasso für seine fachliche Revision und all die wertvollen Anregungen und Ratschläge während der Überarbeitung des Textes.

Ebenso danke ich Anna Rita Longo und Danilo Avi für ihre kritische Durchsicht des Manuskripts beziehungsweise von Teilen desselben. Mein besonderer Dank gilt außerdem meinem Ehemann Eugenio, nicht nur für seine Korrekturen, sondern vor allem für die moralische Unterstützung und seine Geduld, wenn ich zu den unpassendsten Zeiten am Schreibtisch saß.

Vielen Dank auch an Cristiana Santini, die sehr kurzfristig bereit war, den vorliegenden Band durch ihre kunstvollen Illustrationen zu bereichern.

Alles andere als dankbar bin ich schließlich meinem Kater Caesar, der sich während des Schreibens mit Vorliebe auf meiner Tastatur breitgemacht hat, wodurch das Tippen zu einer ziemlich »interessanten« und kreativen Angelegenheit wurde.

Bibliografie

Two is company, three's a crowd:
Wie viele Geschlechter gibt es?

Ebert, Dieter (2005), *Ecology, Epidemiology and Evolution of Parasitism in* Daphnia, National Center for Biotechnology Information (USA); Online einsehbar unter: http://www.ncbi.nlm.nih.gov/books/NBK2036/

Hurst, Laurence D. (1995), *Selfish Genetic Elements and Their Role in Evolution: The Evolution of Sex and Some of What that Entails,* in: »Philosophical Transactions of the Royal Society of London. Series B: Biological Sciences«, 349 (1329), S. 321–332.

Olmstead, Allen W./Leblanc, Gerald A. (2002), *Juvenoid Hormone Methyl Farnesoate is a Sex Determinant in the Crustacean* Daphnia magna, in: »The Journal of Experimental Zoology«, 293 (7), S. 736–739.

Die Balz

Antonio, Frederick B. (1980), *Mating Behavior and Reproduction of the Eyelash Viper* (Bothrops schlegeli) *in Captivity,* in: »Herpetologica«, 36 (3), S. 231–233.

Borgia, Gerald (1986), *Sexual Selection in Bowerbirds,* in: »Scientific American«, 254 (6), S. 92–100.

Comuzzie, Diana K. C./Owens, David W. (1990), *A Quantitative Analysis of Courtship Behavior in Captive Green Sea Turtles* (Chelonia mydas), in: »Herpetologica«, 46 (2), S. 195–202.

Doucet, Stéphanie M./Montgomerie, Robert (2003), *Multiple Sexual Ornaments in Satin Bowerbirds: Ultraviolet Plumage and Bowers Signal Different Aspects of Male Quality,* in: »Behavioral Ecology«, 14 (4), S. 503–509.

Keenleyside, Miles H. A. (1967), *Behavior of Male Sunfishes (Genus Lepomis) Towards Females of Three Species,* in: »Evolution«, 21 (4), S. 688–695; Online einsehbar unter: http://www.jstor.org/stable/2406766?seq=1#page_scan_tab_contents

Le Boeuf, Burney J./Mesnick, Sarah (1991), *Social Behavior of Male Northern Elefant Seals: I. Lethal Injuries to Adult Females,* in: »Behavior«, 116, S. 143–162.

Lindenfors, Patrik/Gittleman, John, L./Jones, Kate, E. (2007), *Sexual Size Dimorphism in Mammals,* in: Fairbairn, Daphne J./Blanckenhorn, Wolf U./Szekely, Tamás (Hrsg.), *Sex, Size and Gender Roles: Evolutionary Studies of Sexual Size Dimorphism,* Oxford University Press, Oxford (UK), S. 19–26.

Murphy, James B./Barker, David G. (1980), *Courtship and Copulation of the Ottoman Viper* (Vipera xanthina) *with Special Reference to Use of the Hemipenis,* in: »Herpetologica«, 36 (2), S. 165–170.

Pietsch, Theodore W. (2005), *Dimorphism, Parasitism and*

Sex Revisited: Modes of Reproduction among Deep-Sea Ceratioid Anglerfishes (Teleostei: Lophiiformes), in: »Ichthyological Research«, 52 (3), S. 207–236.

Pratt Jr., Harold, L./Carrier, Jeffrey C. (2001), *A Review of Elasmobranch Reproductive Behavior with a Case Study on the Nurse Shark,* Ginglymostoma cirratum, in: »Environmental Biology of Fishes«, 60, S. 157–188.

Reading, Chris J./Loman, Jon/Madsen, Thomas (1991), *Breeding Pond Fidelity in the Common Toad,* Bufo bufo, in: »Journal of Zoology«, 225, S. 201–211.

Shine, Richard (2003) *Reproductive Strategies in Snakes,* in: »Proceedings of the Royal Society of London, Series B: Biological Sciences«, 270 (1519), S. 995–1004.

Stone, Jen (2006), *Observations on Nest Characteristics, Spawning Habitat, and Spawning Behaviour of Pacific and Western Brook Lamprey in a Washington Stream,* in: »Northwestern Naturalist«, Society for Northwestern Vertebrate Biology, 87 (3), S. 225.

Vaccaro, Elyse A. u. a. (2010), *Pheromone-Mediated Responses to Sexual and Nonsexual Stimuli in a Plethodontid Salamander,* in: »Animal Behaviour«, 80, S. 983–989.

Weiss, Stacey L. (2006), *Female-specific Color is a Signal of Quality in the Striped Plateau Lizard* (Sceloporus virgatus), in: »Behavioral Ecology«, 17 (5), S. 726–732.

Whitney, Nicholas M./Pratt, Harold L./Carrier, Jeffrey C. (2004), *Group Courtship, Mating Behaviour, and Siphon Sac Function in the Whitetip Reef Shark,* Triaenodon obesus, in: »Animal Behaviour«, 68, S. 1435–1442.

Zur Anatomie des Geschlechtsakts:
Die Fortpflanzungsorgane der Wirbeltiere

Gower, David J./Wilkinson, Mark (2002), *Phallus Morphology in Caecilians* (Amphibia Gymnophiona) *and its Systematic Utility,* in: »Bulletin of the Natural History Museum. Zoology Series«, 68
S. 143–154.

Johnston, Steve D. u. a. (2007), *One-Sided Ejaculation of Echidna Sperm Bundles,* in: »The American Naturalist«, 170 (6)
S. E162–E164.

Kelly, Diane A. (2004), *Turtle und Mammal Penis Designs are Anatomically Convergent,* in: »Proceedings of the Royal Society of London. Series B: Biological Sciences«, S. 271, S. S293–S295.

–– (2013), *Penile Anatomy and Hypotheses of Erectile Function in the American Alligator* (Alligator mississippiensis): *Muscular Eversion and Elastic Retraction,* in: »The Anatomical Record«, 296
S. 488–494.

Kleisner, Karel/Ivell, Richard/Flegr, Jaroslav (2010), *The Evolutionary History of Testicular Externalization and the Origin of the Scrotum,* in: »Journal of Biosciences«, 35 (1)
S. 27–37.

Moore, Brandon/Mathavan, Ketan/Guillette, Louis (2012), *Morphology and Histochemistry of Juvenile Male American Alligator* (Alligator mississippiensis) *Phallus,* in:

»The Anatomical Record: Advances in Integrative Anatomy and Evolutionary Biology«, 295 (2)
S. 328–337.

Stephenson, Barry/Verrell, Paul (2003), *Courtship and Mating of the Tailed Frog* (Ascaphus truei), in: »Journal of Zoology«, 259 (1)
S. 15–22.

Werdelin, Lars/Nilsonne, Åsa (1999), *The Evolution of the Scrotum and Testicular Descent in Mammals: A Phylogenetic View,* in: »Jounal of Theoretical Biology«, 196 (1),
S. 61–72.

Wohin mit den lieben Kleinen?
Die Freuden der Brutpflege

Okuda, Noboru/Yanagsawa, Yasunobu (1996), *Filial Cannibalism in Paternal Mouthbrooding Fish in Relation to Mate Availability,* in: »Animal Behaviour«, 52
S. 307–314.

Gross, Mart R./Shine, Richard (1981), *Parental Care and Mode of Fertilization in Ectothermic Vertebrates,* in: »Evolution«, 35 (4)
S. 775–793.

Kupfer, Alexander u. a. (2006), *Parental Investment by Skin Feeding in a Caecilian Amphibian,* in: »Nature«, 440 (7086)
S. 926–929.

Wenn man sich einsam fühlt: Sex selbstgemacht

Burdach, Karl F. (1826–1840), *Die Physiologie als Erfahrungswissenschaft*, 6 Bde., Bd. 2, Voss, Leipzig.

De Waal, Frans (1983), *Unsere haarigen Vettern. Neueste Erfahrungen mit Schimpansen*, Harnack, München.

McDonnell, Sue M./Henry, Marc/Bristol, Frank (1991), *Spontaneous Erection and Masturbation in Equids*, in: »Journal of Reproduction and Fertility«, 44 (Suppl.), S. 664–665.

Waterman, Jane M. (2010), *The Adaptive Function of Masturbation in a Promiscuous African Ground Squirrel*, in »PloS One«, 5 (9) S. e13060.

Homosexualität, ein reines Naturprodukt

Bagemihl, Bruce (1999), *Biological Exuberance: Animal Homosexuality and Natural Diversity*, St. Martin's Press, New York.

Bailey, Nathan W./Zuk, Marlene (2009), *Same-sex Sexual Behavior and Evolution*, in: »Trends in Ecology & Evolution«, 24 (8) S. 439–446.

Balthazart, Jacques (2011), *Minireview: Hormones and Human Sexual Orientation*, in: »Endocrinology«, 152, S. 2937–2947.

McFarlane, Geoff R./Blomberg, Simon P./Vasey, Paul L.

(2010), *Homosexual Behaviour in Birds: Frequency of Expression is Related to Parental Care Disparity between the Sexes,* in: »Animal Behaviour«, 80 (3)
S. 375–390.

Park, Dongkyu/Choi, Dongwook/Lee, Junghoon/Lim, Dae-Sik/Park, Chankyu (2010), *Male-like Sexual Behavior of Female Mouse Lacking Fucose Mutarotase,* in: »BMC Genetics«, 11 (1)
S. 62.

Roselli, Charles E. u. a. (2004), *Sexual Partner Preference, Hypothalamic Morphology and Aromatase in Rams,* in: »Physiology & Behavior«, 83 (2)
S. 233–245.

Sommer, Volker/Vasey, Paul L. (Hrsg.) (2006), *Homosexual Behaviour in Animals: An Evolutionary Perspective,* Cambridge University Press, Cambride (UK).

Young, Lindsay C./Zaun, Brenda J./Vanderwerf, Eric A. (2008), *Successful Same-Sex Pairing in Laysan Albatross,* in: »Biology Letters«, 4
S. 323–325.

Das Geschlecht des Ungeborenen

Bagheri-Fam, Stefan u. a. (2012), *Sox9 Gene Regulation an the Loss of the XY/XX Sex-determining Mechanism in the Mole Vole* Ellobios lutescens, in: »Chromosome Research«, 20 (1)
S. 191–199.

Crump, Martha L. (1996), *Parental Care among the* Amphibia, in: »Advances in the Study of Behaviour«, 25, S. 109–144.

Janzen, Fredric J./Phillips, Patrick O. (2006), *Exploring the Evolution of Environmental Sex Determination, Especially in Reptiles,* in: »Journal of Evolutionary Biology«, 19 (6), S. 1775–1784.

Short, Roger V./Balaban, Evan (Hrsg.) (1994), *The Differences between the Sexes,* Cambridge University Press, Cambridge (UK).

Waters, Paul D./Graves, Jennifer A. (2009), *Monotreme Sex Chromosomes-implications for the Evolution of Amniote Sex Chromosomes,* in: »Reproduction, Fertility and Development«, 21 (8)
S. 943–951.

Werren, John H./Gross, Mart R./Shine, Richard (1980), *Paternity and the Evolution of Male Parental Care,* in: »Journal of Theoretical Biology«, 82 (4)
S. 619–631.